Lothar Kusch

Mathematik

Band 1: Arithmetik

Algebra · Reihenlehre · Nomographie

Ergebnisse

Verlag W. Girardet

Erläuterungen

Die vorliegenden Lösungen zu den Grundrechenarten sind bewußt auf eine möglichst einfache Form gebracht. Diejenigen Aufgaben, die zu keinem glatten Ergebnis führen, wurden entsprechend den üblichen Genauigkeitsforderungen der Praxis abgerundet. Die Genauigkeit der Aufgaben, die mit Hilfe der Logarithmenrechnung gelöst wurden, hängt naturgemäß von der Stellenzahl der benutzten Tafel ab. Man muß also beim Nachrechnen mit Logarithmen anderer Stellenzahlen gewisse Abweichungen in der dritten und vierten Stelle hinnehmen.

Nachdruck 1986
Bestellnummer 27807

Vertrieb und Auslieferung:
Cornelsen-Velhagen & Klasing Verlagsgesellschaft, Bielefeld
Druck: Lengericher Handelsdruckerei, Lengerich
Printed in Germany

ISBN 3-7736-2780-7

I. RECHENARTEN

1. Zahlen

1.1.

Natürliche Zahlen

1. Zahlen
2. Ziffern
3. 1; 2; 3; 4; 5; 6; 7; 8; 9; 0
4. natürliche
5. ganze
6. sind keine
7. sind keine
8. ist keine
9. ist eine
10. ist keine
11. ist eine
12. 121; 3; 5600
13. $2\frac{1}{3}$; 4,24; $\frac{9}{10}$; 1,002
14. drei — drei
15. Eins (1)
16. kleinste (erste)
17. Zahlenfolge
18. unbegrenzt
19. Eins (1)
20. unbegrenzt
21. 3,4; $3\frac{1}{2}$; 0,01; $\frac{1}{6}$
22. graphische

23. Einheit

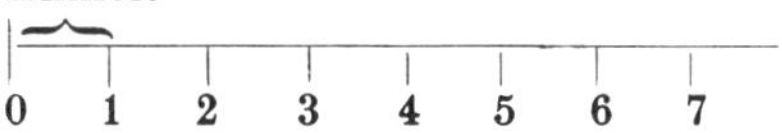

Von Null aus trägt man eine beliebige Längeneinheit 7mal auf der Geraden ab. Die Längeneinheit muß so lang gewählt werden, daß die Zahl 7 noch auf der Geraden liegt.

24. Einheit

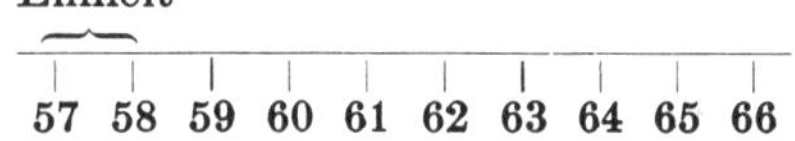

Auch bei dieser Aufgabe trägt man eine beliebige Längeneinheit auf der Geraden so lange ab, bis, von 57 ausgehend, die Zahl 66 erreicht wird.

1.2.

Größen

1. Größen
2. Zahlenwert — Einheit
3. kg
4. 24
5. min — 3,5
6. 15 dm^2; 7 m; 6,5 kg; 14 m^3
7. 5 kg; 16 kg
8. Zahl
9. Größe
10. Größen:
    9 cm^2; 3 min; 41 DM; 283 K

    Zahlen:

    0,12; $3\frac{1}{5}$; 11,2; 1200

1.3.

Symbole für Zahlen

1. bestimmte
2. Variablen
3. P; x; β; a
4. $V = a \cdot b \cdot h$
5. $A = \frac{15 \cdot 6}{2} = \underline{\underline{45}}$
6. $a + b + a + c + b = 5 + 6 + 5 + 8 + 6$
   $= \underline{\underline{30}}$
7. $x + y + a + x + z + y = 5 + 3 + 4 + 5 + 7 + 3$
   $= \underline{\underline{27}}$

2. Addieren

2.1. Addieren von gleichartigen Zahlen

1. 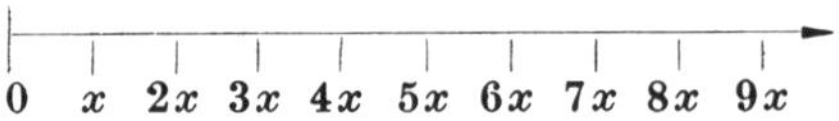

2. $15c$

3. ungleichartige

4. gleichartige

5. Gleichartige Zahlen: $75c$; $5{,}2c$
   Ungleichartige Zahlen: $3d$; $15x$; $7P$; $9n$

6. $1b = b$; $1A = A$

7. Beizahl; Vorzahl; Koeffizient
   (eine Angabe genügt als Lösung)

8. nicht

9. ungleich

10. vorwärts

11. vertauschen

12. $8a + 3a = 11a$

13. $7x + 5x = 5x + 7x$

14. Summanden

15. Summe

16. Summenwert

17. $5a$; $2a$; $7a$ → Summanden
    $5a + 2a + 7a$ → Summe
    $14a$ → Summenwert

18. $4a$

19. $6c$

20. $3bu$

21. $4xyz$

22. $31a$

23. $21x$

24. $20y$

25. $43nx$

26. $55ab$

27. $292cy$

28. $38a_3$

29. $12{,}2a$

30. $29{,}6r$

31. $18{,}5ax$

32. $20{,}53abc$

33. $2a$

34. $7\frac{4}{5}n$

35. $24{,}7ax$

36. $41{,}35a$

37. $42{,}8AB$

38. $55a_1b_2$

2.2. Addieren von ungleichartigen Zahlen

1. $7bn$; $2bn$

2. gleichartige

3. $31a + 26b$

4. $36a + 13x$

5. $17ab + 19c + 13$

6. $19N + 38R + 60$

7. $14\alpha + 23\beta + 16$

8. $15x_1 + 50x_2 + 4$

9. $7ab_1 + 15ab$

10. $39AC + 12BC$

11. $106n + 358x$

12. $11a + 6x + 16y$

13. $14a + 32{,}8n$

14. $15{,}4ab + 3{,}1ac + 23{,}8ad$

15. $4x + 0{,}7y + 10$

16. $a + 6b$

17. $9{,}7ax + 11bx$

18. $56{,}95b + 114{,}2c$

19. $7a + 9b + 11{,}2c$

20. $4{,}3x + 7{,}4xz + 10{,}3z$

21. $2\frac{1}{4}x + 2\frac{1}{6}y$

22. $2b + 21$

23. $\frac{19}{20}x + \frac{19}{20}y$

24. $60\frac{2}{63}a + 40\frac{8}{21}b$

25. $12\frac{1}{6}ab + 4\frac{2}{3}ax$

26. $6\frac{3}{4}c + 8d$

27. $6\frac{1}{3}x + 6{,}4xz$

28. $12\frac{1}{2}bx + 1{,}9by$

29. $76\frac{7}{10}a + 1\frac{4}{5}ax$

30. $3\frac{3}{4}x + 10{,}7xy$

31. $6\frac{17}{30}ab + 16\frac{1}{3}ax$

32. 6,382 kg

33. 4,2 kg

34. 8,58 m

35. 15,02001 m^3

36. $3{,}667141\ m^2$

37. 3 h 48 min 20 s

38. 5135 g

39. 9,76 m

40. 9,40 DM

41. 308 min

42. 46

43. 36,5

44. 71,5

45. 11,25

46. $9\frac{23}{24}$

47. 25,15

48. $14a + 4b + 13c + 5d$

49. $8{,}7ab + 8x + 7y + 4{,}5z$

50. $24a + 11b + 15c + 15d$

51. $12{,}6a + 13{,}7b + 17{,}8c + 26{,}7x$

52. $13\frac{3}{4}a + 12\frac{1}{4}b + 27\frac{4}{9}c$

53. $11\frac{11}{15}a + 10\frac{1}{4}b + 13\frac{5}{8}c + 21\frac{37}{55}x$

54. $31ab + 14{,}8ax + 10\frac{1}{2}bx$

55. a) $U = 26a$
b) $U = 130$ m

56. a) $U = 4a + d + \frac{d\pi}{2}$
b) $U = 16{,}28$ m

57. a) $U = 52a$
b) $U = 3380$ mm

58. a) $l = 12{,}5a + 6b$
b) $l = 737{,}5$ mm

Vermischte Aufgaben zur Wiederholung von 2.

2.

1. $29x$

2. $30a$

3. $9{,}3b$

4. $29{,}8r$

5. $12{,}2x$

6. $15\frac{13}{24}c$

7. $2\frac{33}{40}dx$

8. $17\frac{5}{6}t_1$

9. $43{,}35P$

10. a) $l = 16a$
b) $l = 480$ mm

11. a) $U = 34a$
b) $U = 1700$ mm

12. $5a + 33b$

13. $25x + 46y$

14. $20a + 11b + 15c$

15. $2{,}1ab + 1{,}5bc + 4{,}9c$

16. $69{,}3n + 44{,}3xy$

17. $15\frac{3}{5}xy + 19\frac{2}{5}xz$

18. $4\frac{1}{2}c + 7\frac{2}{3}dx + 7\frac{1}{4}n$

19. $4\frac{3}{4}x + 2{,}5xz + 2\frac{3}{5}z$

20. a) $l = 7\frac{5}{6}a + 7b$
b) $l = 440\frac{5}{6}$ mm

21. a) $U = 4a + 10b + 4c$
b) $U = 1142$ mm

22. a) $l = 4a + 4\frac{2}{3}b + c + \frac{d\pi}{2}$
b) $l = 2019{,}138$ mm

3. Subtrahieren

Subtrahieren von gleichartigen Zahlen

3.1.

1. links

2. Null

3. negative

4. links

5. rechts

6. negative

7. positive

9. -3

10. -11

11. -33

12. $-7{,}8$

13. $-3\frac{1}{2}$

14. rationale

15. positive Zahlen: 5; 3,5

negative Zahlen: $-\frac{1}{3}$; -2; -4

16. Zahlengeraden

17. Die Null ist weder positiv noch negativ.

18. a) $-2a$; $5a$; $-\frac{1}{2}a$

b) $3\frac{1}{2}b$; $-6b$

19. $+2a$

20. $-7x$

21.

größere Zahl	8	9	a	$3x$	y	0	$3b$	$-5a$	0	$-y$	c

Von zwei Zahlen ist die, die rechts auf der Zahlengeraden steht, die größere.

22.

kleinere Zahl	-5	-3	x	$-4b$	$-a$	$-8x$	$-2b$	0	$-c$	$-7c$	0	$-3x$	$-3b$

Von zwei Zahlen ist die, die links auf der Zahlengeraden steht, die kleinere.

23. $<$ = kleiner als $>$ = größer als

24.

$4 < 6$	$5a < 8a$	$7a > a$	$-3 > -5$	$-\frac{a}{4} > -\frac{a}{2}$
$4 > 0$	$0 > -4$	$-8a < -6a$	$0{,}2 > -0{,}3$	$-0{,}1 < 0$

25.

$5 > 3$	$7b > 4b$	$+x < 6x$	$-3 < -1$	$-\frac{a}{3} < -\frac{a}{4}$
$0 < 5$	$-2 < 0$	$7a > -3a$	$-0{,}1 > -0{,}2$	$0 > -0{,}1$

26. Betrag von x oder x absolut

27. $|c|$

28. $|5| = 5$; $|-3{,}5| = 3{,}5$; $|3xy| = 3xy$

$|4b| = 4b$; $|-12b| = 12b$; $|-2BT| = 2BT$

$\left|\frac{x}{3}\right| = \frac{x}{3}$; $|-0{,}2c| = 0{,}2c$; $|15\alpha| = 15\alpha$

$\left|3\frac{1}{2}a\right| = 3\frac{1}{2}a$; $\left|-\frac{n}{3}\right| = \frac{n}{3}$; $\left|-1\frac{1}{7}a\right| = 1\frac{1}{7}a$

29. $|3| = 3$; $|-9| = 9$; $|4ab| = 4ab$

$|6| = 6$; $|-12| = 12$; $|-6xy| = 6xy$

$|2a| = 2a$; $|-2b| = 2b$; $|-3T| = 3T$

$\left|\frac{1}{3}x\right| = \frac{1}{3}x$; $\left|-\frac{a}{5}\right| = \frac{a}{5}$; $\left|1\frac{2}{3}c\right| = 1\frac{2}{3}c$

30.	$\lvert -4 \rvert > \lvert 2 \rvert$;	$\lvert -5 \rvert > \lvert -3 \rvert$;	$\lvert -3 \rvert > \lvert 0 \rvert$
	$\lvert -5 \rvert > \lvert 3 \rvert$;	$\lvert 4 \rvert < \lvert -7 \rvert$;	$\lvert 1 \rvert > \lvert 0 \rvert$
	$\lvert -3 \rvert < \lvert 4 \rvert$;	$\lvert -4 \rvert < \lvert -5 \rvert$;	$\lvert -9 \rvert < \lvert 10 \rvert$

31.	$\lvert -9 \rvert > \lvert 4 \rvert$;	$\lvert -8 \rvert < \lvert -10 \rvert$;	$\lvert -2 \rvert > \lvert 0 \rvert$
	$\lvert 3 \rvert < \lvert -5 \rvert$;	$\lvert -10 \rvert > \lvert 2 \rvert$;	$\lvert 0 \rvert < \lvert 1 \rvert$
	$\lvert 6 \rvert > \lvert -2 \rvert$;	$\lvert -2 \rvert < \lvert -7 \rvert$;	$\lvert -5 \rvert > \lvert +3 \rvert$

32.	$\lvert 4 \rvert + \lvert -3 \rvert = 4 + 3 = \underline{\underline{7}}$;	$\lvert -3x \rvert + \lvert x \rvert = 3x + x = \underline{\underline{4x}}$
	$\lvert -10 \rvert - \lvert -5 \rvert = 10 - 5 = \underline{\underline{5}}$;	$\lvert 2a \rvert - \lvert 3a \rvert = 2a - 3a = \underline{\underline{-a}}$
	$\lvert -5 \rvert - \lvert 10 \rvert = 5 - 10 = \underline{\underline{-5}}$;	$\lvert 6b \rvert + \lvert -b \rvert = 6b + b = \underline{\underline{7b}}$
	$\lvert 4 \rvert + \lvert -9 \rvert = 4 + 9 = \underline{\underline{13}}$;	$\lvert -7c \rvert - \lvert 3c \rvert = 7c - 3c = \underline{\underline{4c}}$

33.	$\lvert 1 \rvert + \lvert -1 \rvert = 1 + 1 = \underline{\underline{2}}$;	$\lvert -3a \rvert + \lvert 4a \rvert = 3a + 4a = \underline{\underline{7a}}$
	$\lvert -5 \rvert - \lvert -10 \rvert = 5 - 10 = \underline{\underline{-5}}$;	$\lvert -8b \rvert - \lvert -7b \rvert = 8b - 7b = \underline{\underline{b}}$
	$\lvert -2 \rvert + \lvert 5 \rvert = 2 + 5 = \underline{\underline{7}}$;	$\lvert x \rvert - \lvert 3x \rvert = x - 3x = \underline{\underline{-2x}}$
	$\lvert 9 \rvert - \lvert -8 \rvert = 9 - 8 = \underline{\underline{1}}$;	$\lvert -8c \rvert + \lvert 3c \rvert = 8c + 3c = \underline{\underline{11c}}$

34. a
35. $7x$
36. $35ax$
37. $2a$
38. $4ab$
39. $9{,}9x$
40. $9{,}5x$
41. $0{,}1a$
42. $29{,}4ab$
43. $48c$
44. $\frac{2}{9}ab$
45. $1\frac{11}{12}xy$
46. $3\frac{2}{5}n$
47. $3\frac{1}{4}d$
48. $7{,}15ax$
49. $-11a$
50. $-19x$
51. $-13ab$
52. $-2d$
53. $-32x$
54. $-0{,}1ax$
55. $-8{,}3b$
56. $-10\frac{7}{9}n$
57. $-11\frac{13}{24}ac$
58. $-1{,}55$ cm
59. $-2{,}4ab$
60. $-7{,}2xy$
61. $-4\frac{1}{3}cx$
62. $-\frac{1}{3}ad$
63. $-22{,}15x$

Subtrahieren von ungleichartigen Zahlen

3.2.

1. $3a - 3b$
2. $-3{,}6b + 7{,}8x$
3. $6{,}6ab - 3{,}5x$
4. $-5\frac{1}{3}ay + 5\frac{1}{2}y$
5. $-2{,}7ad + 1{,}69adx$
6. $-4{,}6a + 1\frac{11}{30}x$
7. $-b - 3c$
8. $-3{,}1a - 91ax$
9. $-0{,}7ab - 10{,}2ac$
10. $-1\frac{8}{15}a - 8\frac{1}{4}b$
11. $-\frac{5}{9}bx - 3{,}4c$
12. $-1{,}2a - \frac{38}{45}b$
13. $-3{,}01c + 4\frac{1}{5}cx$
14. 2,5 kg
15. 187,2 cm

4. Addieren und Subtrahieren

4.1. Addieren und Subtrahieren von Zahlen mit verschiedenen Vorzeichen

1. $-a$
2. $3a$
3. $11a$
4. $5b$
5. $-10b$
6. $2x$
7. $3n$
8. $-18a$
9. $15xy$
10. $x-y$
11. $9a$
12. $-11x$
13. z
14. $-3{,}4b$
15. $-2{,}3a$
16. $-5{,}5c$
17. $-2{,}7x$
18. $-3{,}6a$
19. $-a$
20. $-a+2y$
21. $-9x+4y$
22. $5{,}2a+11{,}1n$
23. $0{,}5b-1{,}3x$
24. $2{,}6a$
25. $4\frac{1}{3}d$
26. $-5\frac{1}{2}a-\frac{11}{24}b$
27. $1\frac{29}{30}h$
28. $-\frac{4}{9}ax-\frac{1}{30}x$
29. $2\frac{1}{5}a-5\frac{1}{4}b+6\frac{1}{6}c$
30. $15\frac{1}{2}a+1\frac{117}{200}b$

4.2. Addieren und Subtrahieren von Zahlen

1. $-3a$
2. $80x$
3. $-3b$
4. $13x$
5. $4a+ax$
6. 0
7. $5n+6x+15$
8. $7a-4b+4c+4d$
9. $3a-4b$
10. $26b+2c$
11. $7a+b$
12. $10a+6b$
13. $10x+10y$
14. $14{,}9x+0{,}7y-1{,}7z$
15. $10{,}2a-2{,}7b-0{,}8c-d$
16. $-1{,}5a+1{,}9b$
17. $3{,}5x-0{,}7y$
18. $2{,}7c-1{,}6d$
19. $2{,}1x+2{,}2y+z$
20. $7{,}25a+20{,}75b+13{,}1c$
21. $6\frac{5}{6}a+20\frac{1}{5}b$
22. $4696\frac{11}{21}$ g
23. $2\frac{5}{6}ab$
24. $\frac{2}{3}a+b$
25. $3b-8c$
26. $6\frac{1}{4}a+2\frac{19}{20}b+\frac{5}{6}c$
27. $-29\frac{2}{3}x+57\frac{5}{12}y+5\frac{19}{24}$
28. $4562\frac{1}{6}$ cm
29. $9{,}125ab-3{,}503ac+2{,}45ad$
30. 11728,5 s
195,475 min = 195 min 28,5 s
3,25 h
= 3 h 15 min 28,5 s
31. $-28a+6b+7x-9$
32. $-11m-15n+2p+15x$
33. $-7{,}7a-5{,}7y-1{,}3$
34. $-1{,}8a-6{,}8b+17{,}7c-2{,}4d$
35. $-0{,}3a-9{,}7b+13{,}2c+5{,}94d-3{,}3x$
36. $-1{,}9a+12{,}9b+4{,}7c+3{,}3d$
37. $-3{,}8a+8ab+7{,}2x+3{,}7y$

4. Vermischte Aufgaben zur Wiederholung von 4.

1. $-12x+y-7z$
2. $a-\frac{11}{30}b+\frac{1}{12}c$
3. $7{,}24a+17{,}13b+2{,}09c$
4. $2{,}8uv+xy-0{,}5$
5. $457{,}44a+308{,}09b+310{,}76c-94{,}07d$
6. $105\frac{5}{6}b+376\frac{13}{40}x+45\frac{11}{18}y+316\frac{2}{3}z$
7. $-5\frac{17}{18}a+171\frac{1}{30}b-14\frac{1}{28}c-7\frac{5}{24}n-114\frac{13}{24}$

8. $20x + 115y + 205z$

9. $-a + 3b + 6\frac{1}{2}x$

10. $-20\frac{13}{24}P - 4\frac{1}{3}Q + \frac{3}{8}R$

11. $8{,}8a + 90\frac{1}{8}b + 110{,}9c$

12. $-157{,}04g - 77{,}14m + 44{,}95t$

13. $-546{,}501$

14. $-\frac{1}{4}a_1 - 4\frac{1}{12}a_2 + 1\frac{1}{2}a_3$

15. $-124{,}62x + 17{,}775y$

16. $186\frac{1}{50}u + 4\frac{2}{3}v$

17. a) $a = \frac{D}{2} - \frac{d}{2} + b$
    b) $a = 56$ mm

18. a) $x = \frac{D}{2} + \frac{d}{2} - a$
    b) $x = 37{,}5$ mm

19. a) $x = \frac{d}{2} + a - \frac{D}{2}$
    b) $x = 73{,}5$ mm

20. a) $l = a + b + c + r\pi - \frac{d\pi}{2}$
    b) $l = 825{,}96$ mm

21. a) $l = a + 2b + (D - d)\pi$
    b) $l = 132{,}50$ mm

5. Das Rechnen mit Klammern

5.1. Ein + Zeichen steht vor einer Klammer

1. $10a + 8$
2. $5c + 6$
3. $3x + 12$
4. $35x - 2y$
5. $0{,}7a + b$
6. $-\frac{1}{20}x + 1\frac{3}{10}y$
7. $10a - 4b$
8. $12x - 2y + 6z$
9. $3b + 16$
10. $6{,}2b - 4{,}2x$

5.2. Ein —Zeichen steht vor einer Klammer

1. $2b$
2. $-2a + 9b$
3. $6a + 5b + c$
4. $4ax$
5. $9a + 9c$
6. $a - 23b - 6x$
7. $-15a - 2b$
8. $21a - 4b - 5c$
9. $-a - 21b$
10. $-5ab - 9$
11. $11r - 9s$
12. $25x + 35y - 35z$
13. $14{,}7a + 1{,}6b + 35{,}5c$
14. $1{,}1a + 9{,}6x$
15. $70\frac{1}{2}a - 19b$
16. $-12\frac{5}{7}x + 25\frac{2}{9}y + 31\frac{1}{8}z$
17. $-\frac{37}{120}a + 2\frac{3}{20}b + 1\frac{11}{20}c$
18. $-\frac{3}{8}a + \frac{13}{30}n + \frac{137}{140}x$
19. $75a - (15b - 12a + 3b) = 87a - 18b$
20. $1{,}8x + 3{,}4b - (2{,}7x - 8{,}4b - 7{,}6x + 3{,}1b) = 8{,}7b + 6{,}7x$
21. $1\frac{1}{3}ab - \left(2\frac{1}{4}ax - 3\frac{1}{2}ab + 2\frac{1}{3}ax\right) = 4\frac{5}{6}ab - 4\frac{7}{12}ax$
22. $5\frac{1}{3}a + 4b - \left(3\frac{1}{3}c - 1\frac{1}{6}a - 2\frac{1}{2}b - 3c + 6\right) = 6\frac{1}{2}a + 6\frac{1}{2}b - \frac{1}{3}c - 6$
23. $1{,}23d + 1\frac{1}{2}x - \left(2\frac{1}{10}d - 1{,}01x - 2\frac{1}{5}dx - 7\frac{2}{5}d - 4\frac{7}{25}x - 4\frac{2}{3}dx + 2{,}13d\right) =$
    $= 4{,}4d + 6\frac{13}{15}dx + 6\frac{79}{100}x$

5.3. Klammern in Klammern

1. $2a - 6b + c$
2. $56a - 47b$
3. $12a + 20b - 5c$
4. $-a + 2b + 2c$
5. $m + 8n - 15p - 10q$
6. $18x - 10y + 2z$
7. $20a + 20b - 5c$
8. $30a + 17b + 5c$
9. $5\frac{5}{6}x - 13\frac{1}{6}y$
10. $3\frac{5}{12}x - 14\frac{13}{24}y$
11. $28{,}2ab + 6c + 17x$
12. $10a + 7b$
13. $-8\frac{1}{6}a + 7\frac{2}{3}x$
14. $1\frac{1}{4}a + \frac{1}{12}x - \frac{2}{3}y$
15. $8\frac{1}{12}a - 3\frac{5}{12}b - 9\frac{1}{10}$
16. $0{,}1x - 0{,}3y + 1{,}1z$
17. $8a - 2{,}75b - 6{,}8c$

5. Vermischte Aufgaben zur Wiederholung von 5.

1. $-10a + 5b$
2. $28a + 2x - 2$
3. $2{,}92a + 0{,}35b - 0{,}72c$
4. $2\frac{9}{10}x - 2\frac{5}{12}y$
5. $2\frac{11}{12}a - 3\frac{1}{12}b$
6. $-\frac{3}{5}d + \frac{3}{8}e + 21\frac{13}{20}$
7. $-4\frac{7}{10}x + \frac{9}{10}y + 5\frac{7}{24}z$
8. $p - 5y + 3z$
9. $r - 4s + 2t$
10. $16a - 18x - 56y + 16z + 1$
11. $-4ay - 26$
12. $-25a + 17x$
13. $x + 4y$
14. $9xy - 13xz - yz$
15. $8a + 6ab - 4b$
16. $4c - 7cd - 9d$
17. $-0{,}75y + 0{,}75z$
18. $-a - 10\frac{1}{71}b + 10\frac{1}{71}$
19. $-1\frac{1}{24}r + 1\frac{3}{4}s - 3\frac{11}{12}t$
20. $-5\frac{7}{8}ab - 11\frac{7}{8}rs + 3\frac{3}{4}xy$
21. $12{,}64a - b + 10{,}1$
22. a) $x = l - 2(a + b + c + d)$
    b) $x = 24$ mm

6. Multiplizieren

6.1. Einführung

1. $4 \cdot 5$
2. $c \cdot 6$
3. $19 \cdot 4$
4. $ab_1 \cdot 5$
5. $12 \cdot 5$
6. $n \cdot 5$
7. $8 \cdot x$
8. $c \cdot b$
9. $P \cdot n$
10. $7 + 7 + 7$
11. $12 + 12 + 12 + 12 + 12 + 12$
12. $ac + ac + ac + ac$
13. $x + x + x + x + x$
14. $\overset{1}{9} + \overset{2}{9} + \overset{3}{9} + \overset{\dots}{\dots} + \overset{x}{9}$
15. $\overset{1}{a} + \overset{2}{a} + \overset{3}{a} + \overset{\dots}{\dots} + \overset{b}{a}$
16. $a_1 + a_1 + a_1 + a_1 + a_1$
17. $\overset{1}{5} + \overset{2}{5} + \overset{3}{5} + \overset{\dots}{\dots} + \overset{a_1}{5}$

18. $3a$
19. 51
20. $21ab$
21. $30ab$
22. $7cd$
23. $5xyz$
24. 0
25. $270axy$
26. $238R$
27. $35abcx$
28. 0
29. 0

6.2. Multiplizieren von Produkten

1. 360
2. 8600
3. 1700
4. 37000
5. 480
6. 12000
7. $18a$
8. $24x$
9. $12b$
10. $27a$
11. $24ab$
12. $18bx$
13. $15ac$
14. $21abc$
15. $80abx$
16. $18acxy$
17. $19800abcd$
18. $180abcy$
19. $660abcdy$
20. $810abnxy$
21. $1170abxyz$
22. $0{,}184bn$
23. $9{,}9axy$
24. $0{,}4abcnx$
25. $15{,}36abdx$
26. $181{,}76\,axyz$
27. $90abc$
28. $360xyz$
29. $32{,}5abc$
30. $700abc$
31. $15abc$
32. $11{,}1abx$
33. $4c$
34. $8\frac{1}{6}abcx$
35. $5\frac{25}{99}abc$
36. $1\frac{1}{24}abxy$
37. $2\frac{1}{3}anx$
38. $\frac{3}{10}abx$
39. $44\frac{11}{20}abxy$
40. $3\frac{13}{15}abcxy$
41. $\frac{153}{1000}adny$
42. $43{,}75abcdxyz$

6.3. Das Vorzeichen beim Multiplizieren

1. $-15a$
2. $-45x$
3. $-42ac$
4. $-4bd$
5. $-14ax$
6. $110ax$
7. $-40mn$
8. $15xy$
9. abc
10. $120acn$
11. $-20abc$
12. $-5{,}64ab$
13. $-18\frac{1}{3}ab$
14. $-amn$
15. $336abc$
16. $-18xyz$
17. $18xyz$
18. $-12xyz$
19. $-16abc$
20. $-0{,}1xyz$
21. $-6300abcdx$
22. $-\frac{1}{8}xyz$
23. $-0{,}75xy$
24. $33{,}6x$
25. $7\frac{7}{12}xy$
26. $-2{,}5abx$
27. $\frac{1}{24}abc$
28. $21ab+\frac{1}{6}bc$
29. $19ab-\frac{1}{6}bc$
30. $-27{,}41xy$
31. $52{,}41xy$

6.4. Multiplizieren von Summen

1. $24x+32$
2. $7a+21$
3. $4a-20$
4. $8a-8b$
5. $10x+30y$
6. $11xy+30y$
7. $12c-28$
8. $45a-15b$
9. $ac+c$
10. $12ax+24bx$
11. $16a-40b+56$
12. $6x+6y-24$
13. $96a+96b-12c$
14. $25ax+5bx-20cx$
15. $3abn+bn-cn$
16. $-3{,}5a-10{,}5b$
17. $5x-8y$
18. $7{,}5xy+9xz$
19. $8axy-14bxy$
20. $4a-16x-36$
21. $-3ac+bc-7c$
22. $-12ax+12ay$
23. $-90ai-60bi+70ci-75ix$
24. $10a+2b$
25. $19x+3y$
26. $a-5b$

27. $11x - 8xy + 3y + 9$

28. $3a + 4ac + 10bc$

29. $28axy - 42bxy - 56cxy$

30. $-9a + 9{,}96b - 13{,}68c$

31. $11{,}2a + 468b$

32. $9\frac{5}{8}xz + 4\frac{3}{8}yz$

33. $-90a + 156b - 166\frac{2}{3}c$

34. $23a - 133\frac{11}{12}b + 142c$

35. $a + ab + 2b + 2$

36. $-9x + xy - 4y + 36$

37. $-3a + an + 5n - 15$

38. $-33a + 3ab + 4b - 44$

39. $54a - 6ax + 18b - 2bx$

40. $30ax - 35ay + 24bx - 28by$

41. $4{,}32ax + 2{,}76ay - 11{,}52bx - 7{,}36by$

42. $0{,}6ac - 1{,}44ad + 0{,}25bc - 0{,}6bd$

43. $4x - \frac{x}{a} + \frac{5}{a} - 20$

44. $54a + 3ax + 60x + 1080$

45. $-\frac{1}{2}ab - ax + bm + 2mx$

46. $20a + 8ax + 31b + 12{,}4bx + 10c + 4cx$

47. $22x + 8xy + 41y + 44$

48. $8mx - 4nx + 4my - 2ny$

49. $4mx - 2my - 8nx + 4ny$

50. $-ax - 8ay + 9bx - 2by$

51. $37am + 56an - 6bm + 5cm - 4cn$

52. $-2ax + 11ay - 5az - 5bx - 5by - 5bz$

53. $38ax + 53ay - 59az + 55bx + 75by - 85bz$

54. $14ax + 24ay - 36bx - 2by$

55. $13ax + 33bx - 53cx$

56. $80acn + 64abn - 80bnx - 100cnx$

57. $30abx - 90aby - 45acx + 135acy$

58. $12axy - 15acxy + 15bcxy - 12bxy$

59. $432abdnx - 72abcnx + 432adnxy - 72acnxy$

60. $24a + 44ab - 112ad - 20b + 15bc - 36c + 6cd - 8d + 48$

61. $8ab + 30abx - 4ad - 18adx - 24bc - 90bcx + 12cd + 54cdx$

62. $30acx - 60adx - 12acy + 24ady - 20bcx + 8bcy + 40bdx - 16bdy$

6.5. Zerlegen in Faktoren (Ausklammern)

1. $7 \cdot 12 = 84$
2. $25 \cdot 24 = 600$
3. $6 \cdot 15 \cdot 8 = 720$
4. $4 \cdot 3{,}2 \cdot 4{,}3 = 55{,}04$
5. $3 \cdot 25 \cdot 2{,}4 = 180$
6. $b \cdot (x - 1)$
7. $a\,(x + 5y - 4z)$
8. $3b\,(7ax - 2y + 5z)$
9. $12b\,(6a - c)$
10. $bx(5 - 1 - 15) = -11bx$
11. $25a\,(b + 5c + 3x)$
12. $m\,(a + b - c + x)$
13. $(a + b) \cdot (n + m)$
14. $(a - b) \cdot (x + y)$
15. $(b - c) \cdot (z + 1)$
16. $(m + n) \cdot (1 + x)$
17. $(4n + 3m) \cdot (b + 1)$
18. $(x + y) \cdot (ab - 1)$
19. $(a - b) \cdot (3x - 1)$
20. $(c + 3d) \cdot (4a - 1)$
21. $(x + y) \cdot (a - 6b)$
22. $(x - y) \cdot (8m + 4n)$ $= (x - y) \cdot (2m + n)\,4$
23. $(a - c) \cdot (5y + 7b)x$
24. $(3x - 5y) \cdot (1 + a)$
25. $(3x + z) \cdot (-4)$
26. $(a - b) \cdot (x + y)$
27. $(x + y) \cdot (m - n)$
28. $(d - c) \cdot (x + b)\,an$
29. $(x + y) \cdot (2a + 3b)$
30. $(3d + n) \cdot (2b + c)$
31. $(2x + y + z) \cdot (a - b)$
32. $(x - y) \cdot (2a + b - c)$
33. $(2x - y) \cdot (d + a + n)$
34. $\pi s \cdot (d + s)$
35. $\frac{\pi s}{2} \cdot (D + d)$
36. $\frac{Q}{8}(1 - d)$
37. $32x \cdot \frac{9 \cdot \pi}{4}(1{,}5 - 1)$ $= 36 \cdot \pi \cdot x$
38. $\frac{\pi r}{3}(H + \frac{h}{3})$
39. $\frac{\pi h}{12}(2D + d)$
40. $\frac{\pi h}{2}(R + r + \frac{1}{3})$
41. $\frac{3br}{4}(x - y)$

Vermischte Aufgaben zur Wiederholung von 6.

2. $1264{,}8aklnr$
3. $50axyz$
4. $86abc$
5. $32\frac{41}{72}abc$
6. $57\frac{41}{300}xyz$
7. $6\frac{22}{45}amn$
8. $10\frac{74}{75}uvw$
10. $-3abxy$
11. $-50ab$
12. $-28nu$
13. $2abdf$
14. $\frac{acxyz}{27}$
15. $\frac{rtuxz}{140}$
16. $-20\frac{157}{330}xyz$
17. $-6{,}5abc$
18. $-3{,}7axy$

20. $12ab - 9ax + 21ac$
21. $-32{,}2m - 16{,}8n - 8{,}2r + 15$
22. $-849\frac{1}{2}x + 48\frac{1}{4}y - 360\frac{1}{2}z$
23. $73a + 50b$
24. $1080a - 372b - 384ab$
25. $6ax - 6abx - 6bcx + 3acx$
26. $3xy + 51x - 30y$
27. $6{,}17a - 13{,}15b - 3{,}42ab + 9{,}1$
28. $11\frac{31}{60}n - 20\frac{37}{60}nr + 20\frac{53}{168}nx$
29. $69\frac{13}{21}bcd - 229\frac{13}{56}bd$
31. $-3ax + 22ay + 34bx - 51by$
32. $7a + ax - 15x + 6$
33. $3ab + 3ay + 86bx + 26xy$
34. $32acy + 16ady + 16cxy + 8dxy$
35. $7acx - 15{,}5bcx + 2cdx$
37. $19x(3y + a - 2z)$
38. $7a(11b + 4d - 12c - 13h)$
39. $(2a - 3b)(2x - 5y)$
40. a) $(a + b) \cdot (x + y)$
    b) $(a - c) \cdot (b - d)$
41. $(2x - 3y)(7 + 7a - 8b)$
42. $(2a + 3b)(4y + 1) \cdot (-1)$
43. a) $(y - 1) \cdot (x - 1)$
    b) $(3b - 1) \cdot (a - 1)$
44. $2(5b + 3a)(12x + 5y)$
45. $(5r - 2p - 1)(m - n)$
46. $(z - 1)(x - y - 1)$
47. $(5a + 4b - c)(4x - 6y)$
48. $8(4 + 5c)(\frac{2}{9}a + \frac{1}{7}b)$
49. a) $l = \frac{a\pi}{2}$
    b) $l = 2\pi = 6{,}28$ m
50. a) $l = 2a + (u - 1) \cdot e$
    b) $l = 2690$ mm
51. a) $A = 2bt + d(h - 2t)$
    b) $A = 1835{,}16\ \text{mm}^2$

7. Dividieren

Einführung

1. $3 \cdot 5 = 15$
2. $6 \cdot 7 = 42$
3. $0{,}2 \cdot 5 = 1$
4. $c \cdot b = a$
5. $x \cdot 2b = 3a$
6. $5c \cdot 4x = 20a$

7. $a \longrightarrow$ Dividend (Zähler)
   $b \longrightarrow$ Divisor (Nenner)
   $\frac{a}{b} \longrightarrow$ Quotient (Bruch)
   $c \longrightarrow$ Quotientwert
8. Für $y \longrightarrow \infty$ geht $\frac{x}{y} \longrightarrow 0$
9. Für $n \longrightarrow 0$ geht $\frac{c}{n} \longrightarrow \infty$
10. a) 0 b) 0 c) 0
    d) 2 e) b f) 1

7.2. Dividieren von Zahlen mit Vorzeichen

1. -3
2. -3
3. 5
4. 4
5. $-\frac{3a}{5b}$
6. $-\frac{5an}{b}$
7. $\frac{5xy}{ab}$
8. $\frac{3ab}{xy}$
9. $-\frac{60a}{c}$
10. $-\frac{8x}{3b}$
11. $-\frac{9bc}{2xz}$
12. $\frac{5ax}{bc}$
13. $\frac{3xy}{n}$

7.3. Der größte gemeinsame Teiler von Zahlen (g.g.T.)

1. $2 \cdot 2 \cdot 2 \cdot 3$
2. $2 \cdot 2 \cdot 3 \cdot 7 \cdot a$
3. $2 \cdot 2 \cdot 2 \cdot 5$
4. $2 \cdot 2 \cdot 3 \cdot 11 \cdot c \cdot d$
5. $3 \cdot 3 \cdot 5 \cdot 11 \cdot a \cdot x \cdot y$
6. 14
7. $28ax$
8. 30
9. $34z$
10. 2
11. 4
12. $a + b$
13. $6c$
14. $12x\,(2a + c)$
15. $2\,(2b + c)$
16. $4\,(3x - 2y)$
17. $3x\,(a + 2c)$
18. $5x\,(a + 5b)$

7.4. Das kleinste gemeinsame Vielfache von Zahlen (k.g.V.)

1. 90
2. 28
3. 72
4. 360
5. 60
6. 102
7. 2352
8. $47\,124$
9. $65\,340$
10. $105cx$
11. $abcx$
12. $240abc$
13. $1080xyz$
14. $336ab$
15. $120mnp$
16. $60\,(a + 1)$
17. $cd\,(a + b)$
18. $60ab\,(a + b)$
19. $2cy\,(n + x)$
20. $6\,(2x - 1)$
21. $12\,(2x + y)$
22. $x\,(x - c)\,(x - d)$
23. $6\,(x + 1)$
24. $6\,(2x - 5)\,(9x + 7)$
25. $24a\,(2a - b)$
26. $60a\,(2a - b)$
27. $4\,(x - 2y)\,(b - 3a)$
28. $8\,(3a - 1)\,(x - 4)$
29. $12\,(2x - b)\,(y - 2a)$
30. $(a + 1)\,(b - 1)\,(b - 2)$
31. $3\,(x + 2)\,(a - 2)$
32. $(y + 2)\,(a + b)\,(a - b)$
33. $(c + 1)\,(b + 1)\,(c - 1)$
34. $(y - 1)\,(x - 1)\,(x + 2)\,(x + 1)$
35. $(m - 2)\,(n + 1)\,(n - 1)\,(n + 2)$
36. $3\,(3a + 2b)\,(x + y)$
37. $8\,(2x - 5y)\,(a + c)$

7.5. Kürzen von Brüchen

1. by
2. $\frac{7a}{b}$
3. $\frac{4}{b}$
4. $6a$
5. $3ad$
6. $0{,}1b$
7. $\frac{3a}{b}$
8. $\frac{12b}{d}$
9. $\frac{8x}{a}$
10. $6ab$
11. $a + b$
12. $x - y$
13. $a + b$
14. $6a - 2b + 3c$

15. $a + b + c$

16. $2a + 5b - 3x$

17. $4c - 2dx - 1$

18. $2a - 4b + 8c$

19. $13bd - 4cd$

20. $-5a - 2b + 3c$

21. $\frac{a + 2x}{ax}$

22. $\frac{b}{3c - 4b}$

23. $\frac{2n + x}{4n + 5x}$

24. $\frac{1}{5a}$

25. $\frac{3a}{4c}$

26. $\frac{8b + c}{11b + 2c}$

27. 1

28. 1

29. $3a + n$

30. $5x - b$

31. $\frac{3}{5}$

32. $\frac{a}{x}$

33. $\frac{a}{b}$

34. $\frac{3x}{4c}$

35. $\frac{2}{a - b}$

36. $\frac{1}{3b}$

37. 1

38. $\frac{5a}{3x - a}$

39. $\frac{2x - 5y}{3}$

40. $\frac{a - x}{c - x}$

41. $\frac{5A - B}{5A + B}$

7.6.

Erweitern von Brüchen

1. $\frac{30acx}{14bcn}$

2. $\frac{-6bx}{-14ax}$

3. $\frac{-3c}{-3x - 7a}$

4. $\frac{12ab + 24ac}{3ax}$

5. $\frac{-4abx + 14acx - 6adx}{-10abx - 14acx}$

6. $\frac{-0{,}64an + 0{,}36bn - 0{,}26nx}{-0{,}28an + 0{,}72nx}$

7. $\frac{42x}{14y}$

8. $\frac{28bx}{21ab}$

9. $\frac{49ac}{-21bc}$

10. $\frac{15x}{-25y}$

11. $\frac{36ac}{28bc}$

12. $\frac{-20xz}{-36yz}$

13. $\frac{4ax - 4ay}{-12ay}$

14. $\frac{-16bx - 24by}{32ab}$

15. $\frac{-30abx + 36aby}{-42abz}$

16. $\frac{63ax - 49bx}{-35cx}$

17. $\frac{6ac - 4bc}{8cx + 4cy}$

18. $\frac{2a + 6b}{6x - 2}$

19. 7; $\frac{28x}{21a}$

20. $5c$; $\frac{25abc}{35cxy}$

21. $7c$; $\frac{49ac}{-21bc}$

22. -5; $\frac{15x}{-25y}$

23. $-4c$; $\frac{36ac}{28bc}$

24. $-4z$; $\frac{-20xz}{-36yz}$

25. $7n$; $\frac{14nx - 21ny}{35abn}$

26. $4a$; $\frac{4ax - 4ay}{12ay}$

27. 2; $\frac{2a + 6b}{6x - 2}$

28. $-8b$; $\frac{-16bx - 24by}{32ab}$

29. $-6ab$; $\frac{-30abx + 36aby}{-42abz}$

30. $3y$; $\frac{27ay - 21by}{15cy + 9xy}$

31. $7xy$; $\frac{21cxy + 14dxy}{35axy - 21bxy}$

32. $2m - 3n$; $\frac{10mx - 15nx - 2my + 3ny}{6am - 9an - 4bm + 6bn}$

33. $3b + c$; $\frac{21bx + 7cx}{(a + n)\ (3b + c)}$

34. $4c + 3b$; $\frac{20cx + 15bx - 12ac - 9ab}{8cy + 6by - 4cd - 3bd}$

35. $x - 1$; $\frac{3ax - 3a + bx - b}{mx - m - x + 1}$

36. $3x - 4y$; $\frac{12cx - 16cy + 9dx - 12dy}{9ax - 12ay - 12bx + 16by}$

7.7. Addieren und Subtrahieren von gleichnamigen Brüchen

1. $\frac{11}{a}$
2. $\frac{2}{x}$
3. $\frac{2b}{x}$
4. a
5. $\frac{16b+c}{3}$
6. $\frac{2x(4-3b)}{b}$
7. $\frac{2n}{3}$
8. $\frac{x}{2}$
9. $\frac{5ab+2x}{5c}$
10. $\frac{3a-5b}{x}$
11. -5
12. y
13. $\frac{c}{a}$
14. $\frac{2}{5}y$
15. -8
16. $b-a$
17. $2a+1$
18. $\frac{2-a}{a}$
19. $\frac{x+11y+12z}{3a}$
20. $\frac{3a-5b}{b}$
21. $x+y$
22. $x-y$
23. x
24. $x+y$
25. $\frac{-4y}{a+b}$
26. $x-y$
27. $3a$
28. $\frac{18ax+13by}{x-y}$
29. 6
30. 9
31. 7
32. $\frac{7(x+y)}{x-y}$
33. $3a$
34. 6
35. 7
36. $18a$

7.8. Addieren und Subtrahieren von ungleichnamigen Brüchen

1. $\frac{a}{4}$
2. $1\frac{1}{18}x$
3. $\frac{12a-8b}{27}$
4. $\frac{14b-9a+8c}{20}$
5. $\frac{10b-a}{12}$
6. $\frac{9x-31y+17z}{6}$
7. $\frac{-64a+4b-23c}{15}$
8. $\frac{x(8a-16b+5c)}{15}$
9. $20\frac{31}{42}ac$
10. $\frac{355x+21y}{35}$
11. $-2{,}2ab$
12. $\frac{12a+10b-5y}{8}$

14. a) $\frac{25bx}{60ab}; \frac{32ax}{60ab}$ b) $\frac{28bc}{48ac}; \frac{27ad}{48ac}$
 c) $\frac{900a}{1080x}; \frac{405b}{1080x}; \frac{864a}{1080x}; \frac{630b}{1080x}; \frac{20a}{1080x}$
15. a) $\frac{15x}{6(2x-1)}; \frac{4x}{6(2x-1)}$
 b) $\frac{a}{2x-y}; \frac{b}{2x-y}; \frac{c}{2x-y}$
 c) $\frac{3c+1}{-2(x-2y)(b-3a)}$
 $\frac{4c-1}{-2(x-2y)(b-3a)}$
16. $\frac{10bx+6by-2ax-5ay-8x-6y}{6ab}$
17. $\frac{-14x+31y}{30x}$
18. $\frac{15a+15b-10ab+8}{15}$
19. $\frac{46a-21b-21n-48}{42n}$
20. $\frac{x(9a-4b)}{8ab}$
21. $\frac{23n-7x}{60a}$
22. $\frac{15x+16n}{12x}$
23. $\frac{4b+4c+3a}{a(b+c)}$
24. $\frac{3a-7b}{4(a-b)}$
25. $\frac{a(y-c)+a(x+b)}{(y-c)(x+b)}$

26. $\dfrac{4x(3a-4b)-3x(4c-3d)}{(4c-3d)\;(3a-4b)}$

27. $\dfrac{x(9cd+a+b)+5y(a+b)}{cd\,(a+b)}$

28. $\dfrac{18bcy+(14a+b)\;(n+x)}{(n+x)\,2cy}$

29. $\dfrac{5a}{4a+4}=\dfrac{5a}{4\,(a+1)}$

30. $\dfrac{11x}{6\,(2x-1)}$

31. $\dfrac{3x+y}{3\,(3a-1)}$

32. $\dfrac{x+b}{12\,(2x+b)}$

33. $\dfrac{-a+b}{6\,(2a+b)}$

34. $\dfrac{x}{3\,(x-1)}$

35. $\dfrac{7a+10}{15\,(a+2)}$

36. $\dfrac{-11c-28d}{24\,(c+d)}$

37. $\dfrac{a}{12\,(2a-b)}$

38. $\dfrac{10bn-16n-6an}{15\,(a+1)\,(b-1)}$

39. $\dfrac{2ax-7ay-25bx}{3\,(3a+2b)\,(x+y)}$

40. $\dfrac{c}{4\,(a+c)}$

41. $\dfrac{24ax-29ay}{105\,(2x+y)\,(2a+3b)}$

7.9. Multiplizieren von Brüchen

1. $\dfrac{2x}{by}$

2. $\dfrac{1}{3}$

3. $\dfrac{15b}{z}$

4. $24x$

5. $\dfrac{-15a}{2nx}$

6. $-\dfrac{6a}{5}=-1\dfrac{1}{5}a$

7. 40

8. $10a$

9. $\dfrac{m+n}{n-m}=-\dfrac{m+n}{m-n}$

10. $\dfrac{11x}{4}=2\dfrac{3}{4}x$

11. $\dfrac{5\,(a+b)}{4\,(a-b)}$

12. $\dfrac{2}{3}$

13. $\dfrac{5\,(a-2)}{2b-1}$

14. $\dfrac{1}{5a}$

15. $-\dfrac{1}{9}$

16. $\dfrac{2}{ac}$

17. $10a+\dfrac{3c-7a}{2x}$

18. $20a+5{,}9$

19. $\dfrac{5r}{72y}-\dfrac{23}{12}$

20. $\dfrac{x}{8}$

21. $2a$

22. $\dfrac{1}{3}-\dfrac{x+y}{9d\,(a-b)}$

23. $1-\dfrac{8x}{3y}+\dfrac{9y}{4x}$

24. $\dfrac{23}{60}-\dfrac{9ay}{40bx}+\dfrac{a}{6b}-\dfrac{bx}{9ay}-\dfrac{2x}{9y}$

25. 0

26. $\dfrac{b}{2}-\dfrac{ax}{2}+12\dfrac{5}{26}=\dfrac{b-ax}{2}+12\dfrac{5}{26}$

27. $-\dfrac{4}{9}$

28. $-1\dfrac{5}{9}-\dfrac{4}{3}x$

29. $-1\dfrac{2}{3}+\dfrac{x+y}{9d\,(a+b)}$

30. $\dfrac{by}{a}$

31. x

32. $\dfrac{5}{6}\left(\dfrac{a}{x}+\dfrac{b}{y}\right)$

33. $\dfrac{a}{b}\left(\dfrac{2}{3}+\dfrac{5c}{4d}\right)$

34. $\dfrac{d}{c}\left(\dfrac{7a}{5}-\dfrac{3}{8}\right)$

35. $\dfrac{ay}{n}\left(\dfrac{2x}{5d}-\dfrac{d}{3x}\right)$

36. $\dfrac{a}{n}\left(\dfrac{p}{x}+\dfrac{r}{s}-\dfrac{x}{y}\right)$

37. $\frac{4}{5}\left(\frac{x}{y}+\frac{n}{m}-\frac{a}{c}\right)$

38. $\frac{4x}{5y}\left(1+\frac{n}{m}-\frac{a}{c}\right)$

39. $\frac{7ax}{9bn}\left(2\frac{2}{3}-\frac{9d}{2}\right)$

40. $\frac{7a\,(a-b)}{4x\,(a+b)}\left(\frac{c}{4n}+\frac{3bc}{7y}-\frac{5ny}{3c}\right)$

7.10. Dividieren von Brüchen

1. $\frac{3x}{5ab}$
2. $\frac{4b}{c}$
3. $\frac{4b}{3}=1\frac{1}{3}\,b$
4. $\frac{1}{4d}$
5. $-\frac{6a}{5}=-1\frac{1}{5}\,a$
6. $\frac{18a}{25x}$
7. $\frac{35a}{y}$
8. $6ax$
9. $-\frac{c}{b}$
10. $\frac{a}{x}$
11. $\frac{x}{a-b}$
12. $\frac{7x}{8a}$
13. 6
14. $\frac{2}{3}$
15. $\frac{a-b}{4\,(a+b)}$
16. $\frac{15}{8a}$
17. $\frac{1}{9d}$
18. $\frac{cn}{9b}$
19. $40b$
20. $9\,(x+1)$
21. d
22. $\frac{2x}{3}=\frac{2}{3}x$
23. $\frac{4ab}{xy}$
24. $\frac{m}{n}$
25. $\frac{b}{a}$
26. $\frac{2x}{3y}$
27. $\frac{2a}{5x}$
28. x
29. $\frac{ac-d}{ac+d}$
30. $\frac{ay-bx}{ay+bx}$
31. $\frac{1+xy}{1-xy}$
32. 1,5
33. $\frac{mn}{rt}$
34. $\frac{ab}{xy}$

7.11. Dividieren von einer Summe durch eine Zahl

1. $\frac{6a}{d}$
2. $4c-2dx-\frac{1}{2}$
3. $6a-3bd+7x$
4. $13ab-4ac+15bc$
5. $-6n+3b-4c$
6. $-6b+2c+4x$
7. $-6x+4y-z$
8. $-5a-12b+25c$
9. $3a-\frac{5}{13}b+7c$
10. $\frac{3}{x}-\frac{2}{b}+\frac{4}{a}$
11. $\frac{5c}{4b}+\frac{b}{2c}$
12. $\frac{6c}{5ax}+\frac{7c}{2y}-\frac{4}{5c}$
13. $\frac{3}{4b}-\frac{4a}{3b}+2$
14. $\frac{2}{39n}-\frac{9s}{25qv}+\frac{5s}{17qw}$
15. $\frac{46x}{c}+\frac{69x}{b}-\frac{115x}{a}$
16. $\frac{9}{20}+\frac{cy}{2b}-\frac{3x}{40b}$
17. $-\frac{7}{6x}+\frac{12c}{ax}-\frac{9}{4b}$

7.12.

Dividieren von einer Zahl durch eine Summe

1. $\frac{1}{a - x}$
2. $\frac{2x}{c - 4d + 2x}$
3. $\frac{1}{a - x}$
4. $\frac{2a}{ax - cx + 1}$
5. $\frac{4b}{x - 3y + 4}$

7.13.

Dividieren von Summen

1. 4
2. 9
3. $5c$
4. 13
5. $c + d$
6. $4x - 5y$
7. $3x - 6$
8. $4x + 6b$
9. $25a - 9$
10. $3a - 4b$
11. $3x - 2y$
12. $3x + 2y$
13. $a + b$
14. $5c + 6d$
15. $9p - 20q$
16. $\frac{b}{4} - \frac{c}{5}$
17. $7c + 6v$
18. $x - 5y$
19. $4x - 5y$
20. $2x - 3p$
21. $\frac{7a - 3n}{4}$
22. $\frac{3ab}{5xy} - \frac{7mn}{4cd}$
23. $\frac{4bc}{ax} - 2d$
24. $\frac{ax}{5c} + \frac{20}{c}$
25. $3x - 2c + d$
26. $2a + 3b - \frac{c}{2}$
27. $3c + 5x + 2y$
28. $4x - 5y$
29. $2x - 3p$
30. $3a - 4b + \frac{2by}{5x - 2y}$
31. $3x + 2y - \frac{by}{5a - 4b}$
32. $6x - 7y - \frac{2by}{5a + 4b}$

7.

Vermischte Aufgaben zur Wiederholung von 7.

1. $\frac{4bc}{x}$
2. $-\frac{5PN}{B}$
3. $\frac{6xz}{ab}$
4. $-\frac{5ab}{x}$
5. $\frac{5ax}{bc}$
6. $-\frac{4ab}{c}$
7. 4
8. $-\frac{3ab}{xy}$
9. $2 \cdot 2 \cdot 3 \cdot 3 \cdot 11 \cdot x \cdot y \cdot z$
10. $2 \cdot 3 \cdot 7 \cdot 11 \cdot a \cdot b \cdot n$
11. $2 \cdot 2 \cdot 3 \cdot 17 \cdot b \cdot c \cdot x$
12. $2 \cdot 2 \cdot 3 \cdot 5 \cdot 7 \cdot a \cdot d \cdot y$
13. $12ac$
14. $21y$
15. $8\,(3x + 2a)$
16. $12\,(3x + c)$
17. $6300abxy$
18. $3960xyz$
19. $24ab\,(2x - 3y)$
20. $6cx\,(2a - 5b)$
21. $(x - y)\,(2a + 3b)\,(2x + y)$
22. $(m + n)\,(3a + 5x)\,(2y - b)$
24. $6r - 4s$
25. $\frac{2\,(x + 3y)}{4x + y}$
26. $\frac{2}{3}$
27. $\frac{x}{m}$
28. $\frac{2}{3}$
29. $1{,}5$
30. $\frac{5}{14}$
31. $\frac{11y}{9x}$
32. $\frac{7r}{5s}$
33. $\frac{m - n}{2x}$
34. $\frac{x - y}{3}$
35. $\frac{a + x}{a - x}$
36. $\frac{x - 1}{a - b}$
38. $\frac{(3x - 3y)\,(3a - 13b)}{15x - 15y}$
39. $\frac{2\,(a + b)\,(7x + 8y)}{8a + 8b}$
40. $\frac{4\,(a + b)\,(3x - 5y)}{8ay + 8by}$

41. $\frac{-1}{b-a}$

42. $\frac{c}{ac-bc}$

43. $\frac{-5}{5(b-a)}$

44. $\frac{45cdx-9mx-15cdy+3my}{10acd-2am-15bcd+3bm}$

45. $\frac{15cxy-21xz-20cdy+28dz}{5acy-7az+5bcy-7bz}$

47. $\frac{3a\cdot 3y}{4b\cdot 3y}$; $\frac{5x\cdot 2b}{6y\cdot 2b}$

48. $\frac{5x\cdot 2}{12y\cdot 2}$; $\frac{7x\cdot 3}{8y\cdot 3}$

49. $\frac{6a\cdot 5y}{7b\cdot 5y}$; $\frac{4x\cdot 7b}{5y\cdot 7b}$

50. $\frac{2a\cdot 14}{5x\cdot 14}$; $\frac{3a\cdot 10}{7x\cdot 10}$; $\frac{7a\cdot 7}{10x\cdot 7}$

51. $\frac{2\cdot a}{(4x+4y)\cdot a}$; $\frac{2x+2y}{2a(2x+2y)}$

52. $\frac{(5a-b)\cdot 3(3a+4b)}{(21a-28b)\cdot 3(3a+4b)}$

$\frac{(a-3b)\cdot 7(3a-4b)}{(9a+12b)\cdot 7(3a-4b)}$

53. $\frac{(7x-11a)\cdot 7}{(30x+21a)\cdot 7}$; $\frac{(12x-35a)\cdot 3}{(70x+49a)\cdot 3}$

55. $\frac{a+2b+2}{c}$

56. $\frac{4x}{ab}$

57. $\frac{x+4y+4z}{a}$

58. 6

59. 8

60. $\frac{9a+46x}{12}$

61. $\frac{23a-64b}{60}$

62. $\frac{11a+28b}{12y}$

63. $\frac{37n+8x}{12x}$

65. $\frac{11ab+2ay-9bx}{27aby}$

66. $\frac{32ay-32by-20ax+20bx-21a+21b+2x-22xy}{24xy(a-b)}$

67. $\frac{20bcd-103bc-23bd+127b-19abd+91ab+abc}{(a-3)(c-4)(d-5)}$

68. $\frac{11x-13y}{9(x+1)}$

69. $\frac{-15xy-54x-110y-6}{2(5y+3)(15y-6)}$

70. $\frac{4x+133y}{84(x-y)}$

71. $\frac{x}{3(x-1)}$

72. $\frac{a}{12(2a-b)}$

73. $\frac{24x}{(2a-3)(5x-1)}$

74. $\frac{18a}{5a-3}$

75. $\frac{ax+4ay-6bx-3by}{84(2x+3y)(a+b)}$

76. $\frac{ac-8ad-6bc-10bd}{(2c+3d)(a+b)}$

78. $\frac{8axz}{3y}$

79. 20

80. $\frac{8ax}{5}$

81. $-\frac{3xz}{4y}$

82. $\frac{28x}{5c}$

83. $-\frac{1}{9}$

84. $-\frac{4abcd}{eh}$

85. $\frac{3}{4}x$

86. $\frac{5(a+b)}{4(a-b)}$

87. $\frac{2}{3}a$

88. $\frac{5(a-2)}{2b-1}$

89. 0

90. $-\frac{1}{2}-\frac{9d(a-b)}{x+y}$

91. $12\frac{5}{26}-\frac{ax}{2}+\frac{b}{2}$

93. $\frac{4ac}{5y}\left(\frac{b}{x}-2x\right)$

94. $\frac{4}{5}\left(ab-\frac{n}{m}+\frac{x}{y}\right)$

95. $\frac{7ax}{9b}\left(\frac{2}{3c}-\frac{9d}{2n}+2\right)$

96. $\frac{18a(x+y)}{5c(a+b)}\left(\frac{n}{3b}+\frac{3}{7}\right)$

98. $\frac{52b}{27c}$

99. $\frac{22x}{15y}$

100. $\frac{9}{8} = 1\frac{1}{8}$

101. $\frac{1}{10}$

102. $\frac{x(m+n)}{m(x+y)}$

103. $\frac{35}{48}$

104. $\frac{y+x}{y-x}$

105. $\frac{ay-bx}{ay+bx}$

106. 1,5

107. $\frac{mn}{rt}$

108. $\frac{ab}{3xy}$

110. $2a - 3c - 5x$

111. $2b - c + 3$

112. $4{,}2x - 0{,}7y$

114. $9 - x$

115. $6x - 7y$

116. $1{,}2a - 3{,}2b$

117. $0{,}5c - 1{,}2d$

118. $4 - \frac{1}{a}$

119. $\frac{4b}{3} + \frac{8x}{3}$

120. $2a + 3{,}1b + c$

121. $\frac{2acd}{5x} + \frac{7a}{3bx}$

122. $\frac{25xy}{9a} + 4cd$

123. $\frac{3a}{b} + \frac{2x}{y}$

124. a) $x = \frac{l - a - nd - b}{n - 1}$

b) $x = 30{,}54$ mm

125. a) $e = \frac{l - 2a}{n - 1}$

b) $e = 40$ mm

126. a) $n = \frac{(B + e_2 - 2b)(A + e_1 - 2a)}{e_1 \cdot e_2}$

b) $n = 180$

8. Potenzieren

Das Vorzeichen beim Potenzieren

8.2.

1. a^4
2. $-b^3x^3$
3. -55
4. $a^6b^6x^6$
5. 345
6. $42\frac{53}{64}$
7. $-27\frac{b^3}{x^3}$
8. $\frac{256a^4}{625b^4}$
9. $6{,}25a^2x^2$
10. $-\frac{1}{32a^5b^5}$
11. $-21\frac{119}{240}$
12. $\frac{253019}{1600000}$
13. 6
14. $59\frac{13}{64}$

Addieren und Subtrahieren von Potenzen

8.3.

1. $24a^2 - 4a^2b$
2. $6a^3$
3. $4b^5$
4. m^2x
5. 0
6. $4{,}2a^2x^5$
7. $7a^4 + 12a^8$
8. $8x^5 - 7x^3$
9. $2{,}3n^2 - 4{,}2n^3 + 20{,}4n^4$
10. $1\frac{1}{4}a^4 + 2\frac{14}{15}a^3$
11. $17a^3b^3x + 7a^3b^2x^2$
12. $2\frac{3}{4}ab^2x + 1\frac{1}{3}a^2bx$
13. $3a^2b + 5n^2x^2$
14. $22a^4b - 10a^3b^2$
15. $11a^2b^2x - 9a^2b^2x^2$
16. $21x^5n^7 + 7x^4y$
17. $7a^2x^2 + 6m^2n^2 - 4a^2b^2$
18. $7a^4b^9 - 10a^3b^5$
19. $a^2b^2c + 7$
20. $21x^5y^7 + 6x^4z$
21. $5{,}6d^2n^5$

Multiplizieren von Potenzen

8.4.

1. $3a^3$
2. a^5
3. x^{14}
4. n^{11}
5. a^9
6. $60x^6$
7. $0{,}9x^4$
8. $0{,}03a^9$
9. $6a^6b^8$
10. $30a^5n^8$
11. $3{,}68a^7b^5x^4$

12. $\frac{1}{4}a^6b^9c^8$

13. $90n^8x^{12}z^{13}$

14. $3x^5 - 6x^3$

15. $12a^6 - 8a^5 - 20a^2$

16. $14{,}4n^4 - 1{,}56n^2x$

17. $5{,}95a^3b^3 - 6{,}65a^4b^7 + 4{,}2ab^7$

18. a^{4x}

19. a^{15x}

20. b^{6a}

21. x^{3a+1}

22. a^{2x}

23. n^{8x-a}

24. b^{2a}

25. x^{13n+4b}

26. $(n + a)^{6x+y}$

27. $(a + b)^{6a+3}$

28. $(a + b)^{a+b}$

29. $2n^{4x-a} + 15a^{5x-2y}$

30. $-6(n + x)^{7-2a}$

31. $-20a^{6+4y}$

32. $64a^{12+2x}b^{6x+4} - 9a^{4m}b^{6n+2}$

33. $20a^4c^8x^7 - 16a^6c^3x^5$

34. $10b^4n^8x^5 - 6b^6n^5x^2$

35. $8a^5b^3c^4x - 12a^4b^3c^4x^2y + 14a^2b^3c^4x^4y$

36. $72a^2n^3 - 72a^2n^2x$

37. $375a^3b^{14}c - 120a^6b^8 + 135a^3b^{12}x$

38. $25a^8 - 9x^2y^4$

39. $\frac{4a^2x^2}{25b^2n^2} - \frac{7a^2}{5ny} + \frac{49a^2b^2}{16x^2y^2}$

40. $4x^2$

41. $64a^3$

42. $81a^4b^4c^4$

43. $5^nb^nx^ny^n$

44. $3{,}375a^3n^3x^3$

45. $192a^4b^4$

46. $64x^2y^2$

47. $72a^3x^3$

48. $625x^4y^2$

49. $960x^4y^5$

8.5. Dividieren von Potenzen

1. a^2
2. b^2
3. x^5
4. a^{-1}
5. x^{-3}
6. a^{-2}
7. $(a - b)^2$
8. $(n + x)^{-3}$
9. $(n + a)^{-2}$
10. $a^{-1}x$
11. $\frac{3a}{2b}$
12. $\frac{n^4}{2x}$
13. $\frac{3a^4z}{4b^2x}$
14. $3x^{-1}n^{-1}b^{-1}$
15. $3ab^{-3}c^{-3}$
16. a^xx^x
17. $2\frac{1}{4}$
18. 32
19. $\frac{2a^3b^2 + 3a^5}{b^3}$
20. $\frac{4a^3x^2 + 10n}{5x^4}$
21. $\frac{5a^2b - 9c^3n^2x}{n^4x^5}$
22. $\frac{3xy + 2x}{6y^2}$
23. $\frac{2c^2 + 3ac}{a^2b^2}$
24. $\frac{91a^3 - 30a}{156b^2}$
25. $\frac{ny(1 + 2x^4 - 3x^3)}{x^2}$
26. $\frac{5}{6ab^2}$
27. $\frac{16y}{3x^3}$
28. $\frac{3axy}{5}$
29. $\frac{y}{2}$

30. $\frac{aby^3}{12nx}$

31. $\frac{8a^3}{b^3}$

32. $\frac{256x^4}{625y^4}$

33. $\frac{243c^5}{32d^5}$

34. $\frac{n^c x^c}{a^c b^c}$

35. $\frac{16a^4}{81x^4}$

36. $\frac{24a^3b^3c^3}{x^3}$

37. $20{,}25a^2b^2$

38. $181\frac{26}{27}x^3y^3$

39. $\frac{375a^3}{x^3}$

40. $\frac{64n^2}{9m^2}$

41. $\frac{375a^4}{256x^2}$

42. $\frac{2(a+b)}{3(a-b)}$

43. $\frac{70b^4 + 99y^3}{120ab^5x^2y^3}$

44. $\frac{9b}{10a}$

45. $\frac{cx^2}{nb^2}$

46. $\frac{4a^5b^6}{5c^5x^6}$

47. $\frac{36a^2b^6y^2}{x^6}$

48. $\frac{4(a+b)^3}{3(a-b)}$

49. $-4\frac{1}{2}a^3x^3$

50. $\frac{(a-b)^2}{(n+x)^2} - \frac{(n+x)^2}{(a-b)^2}$

51. 6400

52. $\frac{(a+b) \cdot 4}{(n+y)^3 \cdot 3}$

53. $\frac{128a^3}{b^3}$

54. $1 - a$

55. n^{6x}

56. $\frac{5b^7}{3a^6}$

57. $\frac{9b^5}{4d^9a}$

58. $\left(\frac{4bn}{3ax}\right)^a$

59. $\frac{b^2c^7d}{3a}$

60. $(n+x)^5 \cdot (a+b)^4$

61. $\frac{3}{5x^{2b}}$

62. $\frac{2a^4x}{3c^2b^3}$

63. a^{x-b}

64. n^{2a-4b}

65. $\frac{1}{3}b^n$

66. $\frac{1}{3}a^{12}$

67. $(a+b)^{4x} \cdot (a-b)^{4x}$

68. 0

69. $-\frac{a^{5x-4}}{30}$

70. $2n^{a+2b}$

71. $3ab^2 + 5ac^3$

72. $4a^x - 6b^c$

73. $2b^{y+z} - 4$

74. $10a^{n+4}b^3 - 25a^2b^{2m+4}$

Potenzieren von Potenzen

8.6.

1. a^6
2. b^{12}
3. n^{2x}
4. a^{3n-3}
5. $n^{12}b^{16}$
6. $9x^4y^6$
7. $4a^6b^{21}$
8. $2187a^7x^{21}$
9. $4{,}5a^6b^9$
10. a^{3x+3}
11. b^{-nx}
12. a^{bx}
13. 1
14. $\frac{1}{2}$
15. $\frac{343}{64a^6}$
16. b^{4x}
17. $\frac{625c^4}{16a^8b^4x^4}$
18. $-\frac{x^5}{a^{10}}$
19. $\frac{9b^4}{4a^4x^6}$
20. $\frac{a^9c^6}{b^{12}x^6}$
21. $\frac{1}{a^{-4} + 2a^{-2}b^{-3} + b^{-6}}$
22. $a^{nx}b^{nx}$
23. x^{30}

24. $n^{-8}x^{-12}$

25. $\frac{1}{2^6} = \frac{1}{64}$

26. $a^{6ax-2ab}$

27. $b^{axy-bxy}$

28. $x^{a^2-b^2}$

29. $a^{4x^2-25b^2}$

30. $10a^{12}$

31. $2b^{15}$

32. $\frac{a^3b^3}{y^3}$

33. $(a^2 + y^2)^{a+b}$

34. $\frac{a^5}{b^8}$

35. $\left(\frac{5a}{4c}\right)^{bx}$

36. 5

8.7. Potenzieren von Summen

1. $4x^2 + 12ax + 9a^2$
2. $36a^2 - 36ab + 9b^2$
3. $6{,}25 - 5b + b^2$
4. $2{,}25a^2x^2 - 7{,}5abcx + 6{,}25b^2c^2$
5. $\frac{1}{9}a^2b^2 - \frac{1}{2}abmn + \frac{9}{16}m^2n^2$
6. $\frac{4}{25}a^2x^2 + \frac{12}{35}abxy + \frac{9}{49}b^2y^2$
7. $10\frac{9}{16}a^2b^2c^2 + 36\frac{5}{6}abcnx + 32\frac{1}{9}n^2x^2$
8. $a^2 + b^2 + c^2 - 2ab + 2ac - 2bc$
9. $4a^2 + 16x^2 + 64 + 16ax - 64x - 32a$
10. a) $a^3 - 3a^2b + 3ab^2 - b^3$
    b) $a^3 + 3a^2b + 3ab^2 + b^3$
    c) $a^4 + 4a^3b + 6a^2b^2 + 4ab^3 + b^4$
    d) $a^6 + 6a^5b + 15a^4b^2 + 20a^3b^3 + 15a^2b^4 + 6ab^5 + b^6$
    e) $a^{11} - 11a^{10}b + 55a^9b^2 - 165a^8b^3 + 330a^7b^4 - 462a^6b^5 + 462a^5b^6 - 330a^4b^7 + 165a^3b^8 - 55a^2b^9 + 11ab^{10} - b^{11}$
    f) $a^{12} + 12a^{11}b + 66a^{10}b^2 + 220a^9b^3 + 495a^8b^4 + 792a^7b^5 + 924a^6b^6 + 792a^5b^7 + 495a^4b^8 + 220a^3b^9 + 66a^2b^{10} + 12ab^{11} + b^{12}$
11. $8x^3 + 36x^2n + 54n^2x + 27n^3$
12. $8a^3 - 60a^2c + 150ac^2 - 125c^3$
13. $0{,}25a^4 - 1{,}5a^2x^2 + 2{,}25x^4$
14. $16a^{10} + 64b^4c^2 + 4x^6z^2 - 64a^5b^2c - 32b^2cx^3z + 16a^5x^3z$
15. $\frac{4a^2x^2}{25b^2n^2} - \frac{7a^2}{5ny} + \frac{49a^2b^2}{16x^2y^2}$
16. $0{,}04x^{2n} + 2x^{2n-2} + 25x^{2n-4}$
17. $2{,}25a^{2x-2} - 3a^{2x+2} + a^{2x+6}$
18. $\frac{1}{9}b^{2x-2} + \frac{1}{2}b^{2x-3} + \frac{9}{16}b^{2x-4}$
19. $27a^3 + 108a^2b + 144ab^2 + 64b^3$
20. $125x^6 - 150x^4y + 60x^2y^2 - 8y^3$
21. $a^3 + b^3 - c^3 + 3a^2b - 3a^2c + 3ab^2 + 3ac^2 - 3b^2c + 3bc^2 - 6abc$
22. $125a^6 + 27b^9 - 64x^{12} + 225a^4b^3 - 300a^4x^4 + 135a^2b^6 + 240a^2x^8 - 108b^6x^4 + 144b^3x^8 - 360a^2b^3x^4$

8.8. Zerlegen in Faktoren

1. $a^2(a - 1)$
2. $4x^3(2x + 3)$
3. $8a^2c^2(8c + 7a)$
4. $17a^4b^4(5a - 7b)$
5. $10ab^2c^2(6a^2b + 7a - 3bc)$
6. $7a^2x^2(4 - 3ax - 5a)$
7. $9a^2y^2(5 - 7y + 4a)$
8. $0{,}5ab^2(3a + 5b)$
9. $25a^2y^3(3y - 5a^2y - 6a)$
10. $0{,}02x^2y^2(3x - 4y)$
11. $3xy(2y^2 - y + 3)$
12. $4a^2(3a^2 - 5a - 3)$
13. $4ab^2(a^2 - 3ab - 4)$
14. $0{,}6abc(7c + 5a - 6c) = 0{,}6abc(c + 5a)$

15. $\frac{9}{4}xy\,(3x - 5y)$

16. $\frac{3}{4}a^2x\,(7xy + 9y^2 - 5a)$

17. $\frac{\pi}{4}(D^2 - d^2)$

18. $\frac{h}{6s}(3h^2 + 4s^2)$

19. $\frac{\pi s}{2}(D + d)$

20. $\frac{\pi h}{12}(D \cdot d + D^2 + d^2)$

21. $\frac{\pi l}{4}(D^2 - d^2)$

22. $\frac{M}{12}(a^2 + b^2)$

23. $x \cdot \left(\frac{P\,(l - a)}{b} - P + Pa\right)$

24. $\frac{1}{2x}\left(\frac{V_1{}^2}{\psi^2} - V_2{}^2\right)$

---

25. $(9x^2 + 5y) \cdot (2y - 7x)$

26. $(5c^2 + 6b^2) \cdot (2b - 3c)$

27. $(3x + 5) \cdot (x^2 + 1)$

28. $(2a - 1) \cdot (2 + a^4)$

29. $(8x^2 + 9y^2) \cdot (12x - 11z)$

30. $(11a^2 - 9c) \cdot (7c^3 + 8a^2)$

31. $(x^2 + 2) \cdot (12a^2x + 4ay)$

32. $(3a - 2x) \cdot (4n^3 - 2anx)$

33. $(3b - 4x) \cdot (2a^2b - 3a^2c)$

34. $(a - 9) \cdot (13b^3 + 15a^2)$

35. $(7a - 9b) \cdot (0{,}8a - 0{,}5c)$

36. $(x - a) \cdot \left(\frac{1}{18}b - \frac{1}{15}a\right)$

37. $(5b^2 + 7ab) \cdot \left(\frac{1}{12}b - \frac{1}{16}a\right)$

38. $(n + m) \cdot (n - m)$

39. $(x + y) \cdot (x - y)$

40. $(2 + a) \cdot (2 - a)$

41. $(3b + 4c) \cdot (3b - 4c)$

42. $(b + 3) \cdot (b - 3)$

43. $\left(\frac{1}{2}x + 1\right) \cdot \left(\frac{1}{2}x - 1\right)$

44. $(8n + 5m) \cdot (8n - 5m)$

45. $(1 + a) \cdot (1 - a)$

46. $b^2\,(b + 4) \cdot (b - 4)$

47. $b\,(3b + 1) \cdot (3b - 1)$

48. $x\,(x + 2) \cdot (x - 2)$

49. $5\,(a + 4) \cdot (a - 4)$

50. $(0{,}5ab + 0{,}6xy) \cdot (0{,}5ab - 0{,}6xy)$

51. $\left(\frac{1}{6}x + \frac{1}{2}y\right) \cdot \left(\frac{1}{6}x - \frac{1}{2}y\right)$

52. $b\left(\frac{3}{2}ab + \frac{5}{4}x\right) \cdot \left(\frac{3}{2}ab - \frac{5}{4}x\right)$

---

53. $(x^2 + 4) \cdot (x + 2)\,(x - 2)$

54. $(a^2 + 16) \cdot (a + 4) \cdot (a - 4)$

55. $(9x^2 + 4b^2) \cdot (3x + 2b) \cdot (3x - 2b)$

56. $(16 + 25a^2) \cdot (4 + 5a) \cdot (4 - 5a)$

57. $\left(4n^2 + \frac{1}{4}m^2\right) \cdot \left(2n + \frac{1}{2}m\right) \cdot \left(2n - \frac{1}{2}m\right)$

58. $\left(\frac{a^2}{16} + \frac{b^2}{9}\right) \cdot \left(\frac{a}{4} + \frac{b}{3}\right) \cdot \left(\frac{a}{4} - \frac{b}{3}\right)$

59. $\left(\frac{a^2b^2}{25} + \frac{x^2y^2}{9}\right) \cdot \left(\frac{ab}{5} + \frac{xy}{3}\right) \cdot \left(\frac{ab}{5} - \frac{xy}{3}\right)$

60. $(a + 2)^2$

61. $(b - 2)^2$

62. $(x - 4)^2$

63. $(6a - 5)^2$

64. $\left(n + \frac{1}{2}x\right)^2$

65. $2\,(b - 3)^2$

66. $(6x - 5)^2$

67. $(0{,}9b + 0{,}8)^2$

68. $2ab\,(6 - 5b)^2$

69. $\left(\frac{2}{5}n - \frac{3}{2}x\right)^2$

70. $(a - 5) \cdot (a - 8)$

71. $(n - 2) \cdot (n + 8)$

72. $(x - 3) \cdot (x + 2)$

73. $(a - 3b) \cdot (a - 4b)$

74. $(x + 7y) \cdot (x + 11y)$

75. $(n - 3) \cdot (n - 9)$

76. $(b + 9a) \cdot (b + 7a)$

77. $(3c - 4) \cdot (3c - 8)$

78. $\left(a - \frac{1}{2}\right) \cdot \left(a - \frac{1}{3}\right)$

79. $(9a^2 + 3ab + b^2) \cdot (3a - b)$
80. $(x^2 + xy + y^2) \cdot (x - y)$
81. $(16n^2 + 4n + 1) \cdot (4n - 1)$
82. $(36 + 18b + 9b^2) \cdot (6 - 3b)$
83. $(16a^2b^2 - 12abn + 9n^2) \cdot (4ab + 3n)$
84. $(81x^2 - 90x + 100) \cdot (9x + 10)$
85. $(4b^2 - 10b + 25) \cdot (2b + 5)$

---

86. $\frac{a + x}{a - x}$
87. $\frac{x + 1}{a - 1}$
88. $\frac{3x}{y}$
89. $\frac{a - b}{4a}$
90. $\frac{9x}{1 - z}$
91. $\frac{a + b}{a - b}$
92. $\frac{9a + 7b}{7}$
93. $\frac{4}{x}$
94. $\frac{4a - 1}{4a + 1}$
95. $\frac{n - m}{n + m}$
96. $\frac{b - a}{b - c}$
97. $x^2 + bx + b^2$
98. $n^2x + nx^2$
99. a
100. $a^2 + a + 1$
101. $a^2 - a + 1$
102. $\frac{a + 1}{a - 3}$
103. $\frac{m - n}{a - b}$
104. $\frac{z^2 (x + z)}{x - z}$
105. $\frac{1}{a + b}$
106. $x (x - 1)$
107. $\frac{(a + b)^2}{a}$
108. $\frac{(x + y)^2}{5x}$
109. $\frac{(a - 2)^3}{(a + 1)^3}$
110. $x^2 - z^2$
111. $5x + 12$
112. $2a - 3b$
113. $3x + 8z$
114. $4a^2 - 2b^2$

115. $a^3 + a^2b + ab^2 + b^3 = (a^2 + b^2) \cdot (a + b)$
116. $a^4 - a^3b + a^2b^2 - ab^3 + b^4$
117. $4n - 3n^2 + 7n^3$
118. $\frac{1}{4}a^4 + \frac{1}{5}a^2b + \frac{4}{25}b^2$
119. $2a - b^2$
120. $0{,}5a^2 - 3c$
121. $27x^6 - 18x^4z + 12x^2z^2 - 8z^3$

8. Vermischte Aufgaben zur Wiederholung von 8.

1. $(a + 6) \cdot (a + 6)$
2. $(2x + 3) \cdot (2x + 3)$
3. $(3b^2 - 2c^2) \cdot (3b^2 - 2c^2)$
4. $(1 - 3xy) \cdot (1 - 3xy)$
5. $(2a^2 + 1) \cdot (2a^2 + 1)$
6. $a (x + 3) (x + 3)$
7. $(x - 2) \cdot (x + 2)$
8. $(5b - 2c) \cdot (5b + 2c)$
9. $\left(\frac{1}{2} + x\right) \cdot \left(\frac{1}{2} - x\right)$
10. $\left(\frac{a}{4} + 1\right) \cdot \left(\frac{a}{4} - 1\right)$
11. $\left(\frac{x}{5} + \frac{1}{a}\right) \cdot \left(\frac{x}{5} - \frac{1}{a}\right)$
12. $(a^2 + 1) \cdot (a^2 - 1)$
13. $3b (a + 2b) \cdot (a - 2b)$
14. $(a - b + c) \cdot (a - b - c)$
15. $(8 + a - 2b) \cdot (8 - a + 2b)$
16. $(4x + 3y) \cdot (y - 2x)$
17. $(1 + x + 3y) \cdot (1 - x - 3y)$
18. $(c - a + b) \cdot (c + a - b)$
19. $(a + 3) \cdot (3a + 2)$
20. $(5x + 2) \cdot (x + 2)$
21. $(3b - 1) \cdot (b - 3)$
22. $(3a - 5) \cdot (a + 1)$
23. $(2x + 7) \cdot (x - 4)$
24. $(x + y + 3) \cdot (3x + 3y + 2)$
25. $(9z^2 - 4a^2) \cdot \left(\frac{a}{x} - \frac{b}{y}\right)^2$

26. $2a$

27. 2

28. $72x^3$

29. -24

30. $144x^2$

31. $-12b^5x$

32. $-12ab^4$

33. $-6a^3b^3$

34. a^4x^9

35. $\frac{a}{3b}$

36. $\frac{x-1}{x+1}$

37. $\frac{1}{x}$

38. $\frac{2-x}{2+x}$

39. $\frac{x+y}{x-3y}$

40. $x-5y+\frac{y^2}{x+2y}$

41. $x+4+\frac{1}{x-1}$

42. $\frac{3y}{5x}$

43. $\frac{b}{x(x+b)}$

44. $\frac{x-2y}{x+y}$

45. $\frac{a-5}{(a+6)(a-1)}$

46. $\frac{v}{(v+h)}$

---

47. $\frac{y}{a}$

48. $\frac{1}{2(a+b)}$

49. $\frac{y-x}{y}$

50. $\frac{(x-y)\cdot y}{(x+y)\cdot(x+2y)}$

51. $-\frac{54bx^3}{25y^3}$

52. $c^{a+2b}\cdot y^{a+b}$

53. $\frac{20}{21}a^x$

54. $5x^{m-2}-4x^{2m-1}+2x^5$

55. $a^4-a^3b+a^2b^2-ab^3+b^4$

56. $4x^2+3b^2-5c$

57. x^{2m}

58. $10x^3-15x^2y-20xy^2$

59. $(a+b)^6$

60. $195a^4b^2-455a^3b^3+520a^2b^4$

61. $30a^4-21a^3b-56a^2b^2+56ab^3-64b^4$

62. $\left(\frac{a-b}{x+y}\right)^3$

63. $\frac{81b^9c}{32000a}$

64. $(xy)^{10}$

65. $(xy)^2$

66. $\frac{7^5\cdot 24^n\cdot a^{n+5}\cdot b^{2n}}{8^5\cdot 35^n\cdot c^{6n-10}}$

67. $0{,}16a^6-0{,}4a^3b^3+0{,}25b^6$

68. $\frac{9x^4y^6}{16z^6}-\frac{4y}{3xz}+\frac{64z^4}{81x^6y^4}$

69. $\frac{9}{16}x^4-\frac{3}{4}x^3y-\frac{1}{4}x^2y^2+\frac{1}{3}xy^3+\frac{1}{9}y^4$

70. 1

71. $19{,}5$

72. $\frac{1}{x^a\cdot y^a}$

73. 16

74. 9

75. $\frac{1}{4}$

76. $\frac{7^3}{3^3\cdot 2^3}=\left(\frac{7}{6}\right)^3=1\frac{127}{216}$

77. $\frac{1}{x^6}$

78. $-\frac{1}{x^6}$

79. $-\frac{1}{x^6}$

80. $-x^6$

81. $\frac{2x^2y^8}{z^2}$

82. $\frac{27}{64}y^9$

83. $-\frac{y^a y^b z}{16d\,x^a x^b}=-\frac{y^{a+b}z}{16d\,x^{a+b}}$

84. $\frac{a^2b^2x^6}{y^2}$

85. $\frac{4}{x^2}-\frac{12y}{x}+9y^2$

86. $\frac{4}{a^2}-\frac{12}{ab}+\frac{9}{b^2}$

87. $\frac{y^2}{a^3b^6x^4}$

88. $125^n a^3 b^{12}$

89. $\frac{2y + 4x}{xy}$

90. $\frac{a^2 + b^2 + c^2}{abc}$

91. $\frac{22x}{15}$

92. $\frac{x + 6}{12}$

93. $\frac{x^2 + y^2}{x^2 - y^2}$

94. $\frac{17a}{6(b - 3)}$

95. $\frac{3a^2 + 1}{a^2 + 3a} - \frac{2a + 1}{a + 3} = \frac{a^2 - a + 1}{a(a + 3)}$

96. $\frac{x^2 + x + 1}{x(x + 1) \cdot (x - 1)}$

97. $\frac{4a + 1}{6(a - 2)}$

98. $\frac{a^2 - 6a - 5}{a^2 - 4}$

99. $-\frac{7}{(x - 1) \cdot (x - 2) \cdot (x - 3)}$

100. $\frac{a^2}{a - b}$

101. $-\frac{b^2}{a + b}$

102. $-\frac{2}{a + 1}$

103. $-\frac{8}{x + 3}$

104. a

105. $\frac{x(x + y)}{y}$

106. $\frac{10a^7 - 3}{12a^{11}}$

107. $\frac{1}{2a^{n+2}}$

108. $3a - 3b$

109. 2

110. $\frac{18x^2y}{x + y}$

111. $2ax$

112. $\frac{(x - y)^4 - (a + b)^4}{(a + b)^2 \cdot (x - y)^2}$

113. $\frac{4(x - 2) \cdot (x - 1)}{27(x + 2) \cdot (x + 1)}$

114. $\left(\frac{a - 2}{a + 1}\right)^3$

115. $\frac{(x - 2y)^2}{9xy}$

116. $\frac{3(x + y)}{xy}$

9. Radizieren

9.2.

Radizieren von Zahlen

1. 253	6. 99	11. 33,196	16. 86,3	21. 91,8	26. 78,9
2. 170,129	7. 59	12. 39,2	17. 78,600	22. 13,9	27. 0,117
3. 410	8. 44	13. 42,696	18. 83,898	23. 78,8	28. 0,236
4. 57	9. 593	14. 63,3	19. 72,2	24. 62,9	29. 0,05
5. 63,498	10. 799	15. 65,299	20. 99,899	25. 688	30. 1,142

Berechnen Sie die Quadratwurzel auf drei Stellen hinter dem Komma

31. 1,732	34. 3,6055	37. 7,9056	40. 3,7815	43. 0,0447
32. 2,236	35. 5,1961	38. 1,3038	41. 0,2236	44. 0,7746
33. 2,6457	36. 11,8093	39. 2,7386	42. 0,8366	45. 0,7855

Berechnen Sie die Seitenlängen von folgenden Quadraten

46. 68 m	49. 829 m	52. 68,3 cm	55. 79,9 cm	58. $1{,}04 \cdot 1{,}04\ m^2$
47. 82 cm	50. 883 cm	53. 65,1 m	56. 14,24 m	59. $1{,}2 \cdot 1{,}2\ m^2$
48. 87 cm	51. 63,1 cm	54. 76,7 m	57. 59,92 cm	60. $1{,}8 \cdot 1{,}8\ m^2$

9.4. Addieren und Subtrahieren von Wurzeln

1. $2\sqrt{x}$
2. $8\sqrt{a}$
3. $7\sqrt[3]{n}$
4. $(a + b)\sqrt[n]{ax}$
5. $(3n - 4a)\sqrt{a}$
6. $\frac{1}{4}\sqrt[3]{a} + \frac{1}{5}\sqrt{a}$
7. 1,3
8. $\sqrt[3]{ax} + \sqrt[3]{ab}$
9. $4{,}5\sqrt{x} + 1{,}6\sqrt[3]{x}$
10. $-2\frac{2}{15}\sqrt{an}$

9.5. Radizieren von Produkten

1. 18
2. 12
3. $125\sqrt{5}$
4. $5\sqrt[3]{a}$
5. 4
6. $\frac{1}{2}\sqrt[4]{a}$
7. $12\sqrt{n+x}$
8. 2
9. 5
10. 8
11. 4
12. 3
13. 18
14. $210ab$
15. $60a$
16. $4a$
17. -103
18. $16-63a^2$
19. 240
20. 2
21. $120b^2$
22. 80
23. 1

Häufig kann man den Radikanden in Faktoren zerlegen und dadurch den Wurzelausdruck für die Rechnung vereinfachen

24. $6\sqrt{2}$
25. $4\sqrt{2}$
26. $5\sqrt{6}$
27. $18\sqrt{5}$
28. $30a\sqrt{2}$
29. $20x\sqrt{3}$
30. $29ab\sqrt{2}$
31. 0

9.6. Radizieren von Quotienten (Brüchen)

1. $\frac{5}{8}$
2. $\frac{4}{5}$
3. $\frac{6}{\sqrt{x}}$
4. $\frac{2}{7\sqrt{x}}$
5. $\frac{3}{7}\sqrt[3]{\frac{a}{b}}$
6. $\frac{3}{2}$
7. 1,5
8. 1
9. $1\frac{2}{3}\sqrt{\frac{3}{2}} = \frac{5}{6}\sqrt{6}$
10. $\frac{1}{\sqrt{2}}$
11. $\frac{7}{8}$
12. 2
13. 2
14. 2
15. $32a$
16. 2
17. $\frac{x}{2}$

Schaffen Sie bei den folgenden Aufgaben die Wurzel aus dem Nenner weg (durch Erweitern der Brüche)

18. $\frac{3}{7}\sqrt{7}$
19. $\frac{5}{6}\sqrt{6}$
20. $\sqrt{2}$
21. $\sqrt{3}$
22. 2
23. $\sqrt{n}$
24. $\frac{a}{b}\sqrt{b}$
25. $\frac{1}{11}\sqrt{6}$
26. $\frac{1}{3}\sqrt{3}$
27. $\frac{1}{7}\sqrt{35}$
28. $\frac{\sqrt[3]{6}}{2}$
29. $\frac{\sqrt{ab}}{b}$
30. $-\frac{1}{2}(3 - \sqrt{15})$
31. $\frac{1}{2}(3 - \sqrt{3})$
32. $4(\sqrt{5} + 2)$
33. $\frac{(2+\sqrt{x})^2}{4 - x}$
34. $\frac{(\sqrt{a} - \sqrt{b})^2}{a - b}$

9.7. Radizieren von Potenzen

1. 4
2. 8
3. 216
4. 81
5. 25
6. a^2
7. a
8. 36
9. a
10. ab
11. $6x$
12. $6a$
13. $12ab$
14. ab^2
15. $a^3b^2\sqrt{ab}$
16. $5x^2\sqrt{2}$
17. a^3b^4
18. x^2
19. $4a^4b^2$
20. x^n
21. $(a-b)^2$
22. $(a+b)^2$
23. $5(a+b-c)$
24. $b\sqrt[n]{a}$
25. $28a$
26. x
27. a^2b
28. $3a$
29. x^3
30. $(n+x)^2$
31. 3
32. 7
33. 16
34. $\sqrt{a}$
35. $\sqrt[a]{x}$
36. $4a$
37. $64x^3n$
38. $16a^6n^2$
39. $\sqrt[3]{x^2}\cdot\sqrt[2]{x} = x\cdot\sqrt[6]{x}$
40. $\frac{1}{2}\sqrt{a}$
41. $x - 2\sqrt{xy} + y$
42. $3\sqrt[3]{x}$
43. $2b^3$
44. $4\sqrt{x}\sqrt[3]{x} + 6x = 4\sqrt[6]{x^5} + 6x$
45. $3n$
46. $\frac{a}{c}\sqrt{b}$
47. $a\sqrt{\frac{2}{3}}$
48. $\frac{a}{2b^2}$
49. $2a$
50. $n\sqrt[3]{x^2}$
51. $\frac{4}{9}a^2\cdot\sqrt[3]{\frac{4}{9}a^2}$
52. $4n$
53. $4ab$
54. $\frac{3}{8}$
55. $\frac{1}{x}$
56. $2n\sqrt{x}$
57. $\frac{a^3}{b^2}$
58. $3\sqrt[a]{\frac{b}{c}}$
59. $b\sqrt[m]{b^x}$
60. $c\sqrt[x]{c^2}$
61. b^{2a-1}
62. n^c
63. $(n+x)^3$
64. $4b\sqrt[5]{b^n}$
65. $x^{a-b} = \frac{x^a}{x^b}$
66. $(x+n)\sqrt[4]{xn}$
67. x
68. $\frac{1}{x^{2b}}$
69. 6
70. $\frac{3}{4}$
71. 25
72. $12x$
73. 5
74. $1{,}5$
75. $x\sqrt[3]{x}$
76. $\frac{3}{4}$
77. $a^{-\frac{9}{10}} = \frac{1}{\sqrt[10]{a^9}}$
78. 1
79. a
80. $\sqrt[3]{x} + 3\sqrt{x}$

9.8. Radizieren von Wurzeln

1. 3
2. $\sqrt[3]{2}$
3. $\sqrt{a}$
4. $\sqrt{5x}$
5. $2\sqrt{2a}$
6. $\sqrt{x}$
7. $x^2\sqrt[4]{x}$
8. $4\sqrt{x}$
9. $\sqrt[ax]{b^3}$
10. $\sqrt[ax]{a}$

Vermischte Aufgaben zur Wiederholung von 9.

1. $6\sqrt{2}$
2. $3\sqrt{2}$
3. $\sqrt{3}$
4. $\sqrt{3}$
5. $3 - 2\sqrt{2}$
6. $\dfrac{5 - 2\sqrt{6}}{3}$
7. 2

Schaffen Sie die Wurzel aus dem Nenner weg (Nr. 8—13)

8. $\dfrac{4\sqrt{3} + 4}{3 - 1} = 2\sqrt{3} + 2$
9. $6\sqrt{3} + 6\sqrt{2}$
10. $8\sqrt{5} + 8\sqrt{3}$
11. $\dfrac{x\sqrt{x} + x\sqrt{y}}{x - y}$
12. $\dfrac{6 + 5\sqrt{a} - 6a}{9 - 4a}$
13. $4 + \sqrt{15}$

---

14. $7\sqrt{a - 3b}$
15. $\dfrac{1}{1728}$
16. $\dfrac{x^2 y}{z^3}$
17. $\dfrac{27x}{8y}$
18. $60a^2\sqrt{a^2 + 9}$
19. $\dfrac{4}{5}\sqrt{\dfrac{a + 2b}{x - 2y}}$
20. $\dfrac{1}{12}\sqrt{64x^2 - 81y^2}$
21. $8ab$
22. $5x$
23. $\dfrac{5b}{3a}$
24. $\sqrt[3]{\dfrac{x + y}{x - y}}$
25. $\dfrac{100}{63}\sqrt[6]{\dfrac{a}{b^2}}$
26. xy^3
27. $\dfrac{1}{3}$
28. $\dfrac{2}{3}$
29. $1\dfrac{1}{2}$
30. $\dfrac{2}{5}$
31. $\dfrac{1}{9}$
32. $\dfrac{2x^2}{5}$
33. $2\sqrt{6x}$
34. $20\sqrt{a}$
35. 222
36. $-3{,}25$
37. $\dfrac{4}{5}x\sqrt[12]{x^5}$
38. $3x\sqrt[3]{x^n}$
39. $\sqrt[3]{3abc}\,(2ab + 3ac + 4bc - 4)$
40. $\sqrt[x]{ab} \cdot \left(a + \sqrt[x]{b^m}\right)$
41. $\dfrac{x}{y}\left(\sqrt[a]{\dfrac{x^4}{y^3}} + \sqrt[b]{\dfrac{x^5}{y^6}} - \sqrt[a]{\dfrac{x^7}{y^8}}\right)$
42. x
43. $\sqrt{c}\,(a - b)$
44. $\dfrac{x + y}{z}$
45. $\dfrac{x}{y} - \dfrac{x^4}{y^4}$

46. $\sqrt[3]{x^2} - \sqrt[3]{y^2}$

47. $3\sqrt[x]{\frac{b}{c}}$

48. $2c$

49. $2\sqrt[x]{c + d}$

50. $84\sqrt[x+y]{(m + n)^2}$

51. $\frac{1}{3}$

52. $a + b$

53. $-3\sqrt{x}$

54. $\sqrt[ab]{x^3}$

55. $\sqrt[xy]{a}$

56. a

57. 1

58. $\frac{7}{64}$

59. $2\sqrt{x} + \sqrt[3]{x}$

60. $2a^3 + \frac{1}{\sqrt[3]{a}}$

61. $v\sqrt{2 - \sqrt{2}} \approx 9{,}2$

10. Logarithmieren

10.3.

Rechnen mit dekadischen Logarithmen

1. 1.3617	**11.** 4.0128	**21.** 0.1106 − 4	**31.** 69,2	**41.** 0,213
2. 1.2304	**12.** 5.5988	**22.** 0,0374	**32.** 7920	**42.** 0,073
3. 1.9395	**13.** 1.5729	**23.** 0.9996 − 2	**33.** 953	**43.** 0,000944
4. 2.0969	**14.** 0.0334	**24.** 0.6875	**34.** 3,47	**44.** 0,00773
5. 2.5119	**15.** 0.5428	**25.** 0.6972 − 1	**35.** 5940	**45.** 0,0000691
6. 2.6395	**16.** 1.0374	**26.** 0.9425 − 3	**36.** 64 500	**46.** 0,06775
7. 2.5988	**17.** 1.0569	**27.** 2.0986	**37.** 89	**47.** 0,7485
8. 2.9227	**18.** 0.0899 − 2	**28.** 2.2978	**38.** 3,68	**48.** 0,02962
9. 4.9345	**19.** 1.5922	**29.** 2.1741	**39.** 299	**49.** 0,002056
10. 5.2529	**20.** 0.1673 − 1	**30.** 0.1752	**40.** 1,01	**50.** 0,00749

10.4.

Zahlenrechnen mit Hilfe von Logarithmen

1. 28 080	**17.** 0,537	**33.** 0,0000000000252	**48.** 2,646	**62.** 148,16
2. 4224	**18.** 3,502	**34.** 69,27	**49.** 5,196	**63.** 0,0003618
3. 1169,5	**19.** 22,44	**35.** $6{,}25 \cdot 10^{-31}$	**50.** 4,123	**64.** 1,68
4. 5270	**20.** 0,0000357	**36.** 125	**51.** 3,495	**65.** 0,91
5. 14,44	**21.** 9602	**37.** 0,0004127	**52.** 1,758	**66.** 36,86
6. 0,02395	**22.** 1259	**38.** 1144	**53.** 4,51	**67.** 1,725
7. 0,00762	**23.** 816,2	**39.** 6 616 000 000	**54.** 0,415	**68.** 29450
8. 0,974	**24.** 156,25	**40.** 0,00002767	**55.** 1,06	**69.** 0,554
9. 3,746	**25.** 2571	**41.** 788 700	**56.** 72,63	**70.** 2,242
10. 7445	**26.** 3652	**42.** 202,7	**57.** 1,76	**71.** 3,83
11. 200	**27.** 2,852	**43.** −88,5	**58.** 0,316	**72.** 1,888
12. 0,1446	**28.** 0,8215	**44.** 11 709	**59.** 1455,6	**73.** 0,2677
13. 0,0000151	**29.** 39 664	**45.** 0,80808	**60.** 5,929	**74.** 57,43
14. 71,2	**30.** 0,0000907	**46.** 1,414	**61.** 23,2	
15. 528 400	**31.** 2,816	**47.** 1,732		
16. 1,8	**32.** 418,8			

75. $b \cdot (\lg x + \lg a - \lg n) + \lg d + \frac{1}{2}(\lg a + \lg n)$

76. $\lg (a + x) + \lg (a - x)$

77. $m \lg x + \lg b + n \lg n - \lg c - x \lg d$

78. $(x + y) \lg a + (x - y) \lg b$

79. $\frac{2}{3} \lg a + 6 \lg b - 4 \lg c$

80. $\frac{x}{2} \cdot \lg a - \frac{a}{b} \cdot \lg x + 3 \lg n$

81. $\frac{1}{a}(4 \lg a + 2 \lg b - 5 \lg x)$

82. $\lg a - \lg b + \frac{1}{a} \cdot x \cdot \lg n + \lg x - \lg y + \frac{1}{n}(c \lg x + d \lg y)$

83. $\lg b + \frac{1}{x} \cdot \lg a - \left(\lg n + \frac{1}{a} \lg x\right)$

84. $a \lg (x + y) + \frac{1}{b} \cdot c \lg n - \frac{1}{z} \cdot b \cdot \lg x$

85. $\frac{1}{b}[\lg (a - b) + \lg (x + y)] - \lg (c + d)$

86. $4[\lg 2 - \lg (a + 1)] + 3[\lg (a - 1) - \lg 3] - 5[\lg (a - 1) - \lg (a + 1)]$
oder nach dem Kürzen: $\lg 16 + \lg (a + 1) - \lg 27 - 2 \lg (a - 1)$

87. $\frac{1}{a}[\lg (b + c) + \lg (n^2 - x^2) - \lg y - \lg (b - c)]$

88. $\frac{1}{c}\left[x \lg m + \frac{1}{5} \cdot 2 \lg a - 4(\lg a + \lg x) - 7(\lg n + \lg z)\right]$

89. $\frac{1}{b}[\lg (a - 5) + \lg (a - 12) - \lg 2 - \lg a - \lg (n - 4x) - \lg (n - 5x)]$

90. 1,3297
91. 16,32
92. 6,955
93. 20,654
94. 10,45
95. 2,13 m
96. 2,865 dm
97. 301 760 DM
98. 245,52 DM
99. 7,54 Std.
100. $24\frac{3}{4}$ Tage
101. $17\frac{1}{2}$ Tage
102. 5 Dreher
103. 23,6 mm
104. 128 mm
105. 84,21 mm
106. 52,4 Min.

II. DIE LEHRE VON DEN GLEICHUNGEN (ALGEBRA)

12. Gleichungen mit einer Variablen

Zahlengleichungen

12.1.

1. $x = 7$
2. $x = 10$
3. $x = 3$
4. $x = 5\frac{1}{2}$
5. $x = 13\frac{13}{15}$
6. $x = 18$
7. $x = 35$
8. $x = 5$
9. $x = 2,5$
10. $x = \frac{9}{10}$
11. $x = -2$
12. $x = -0,2$
13. $x = -8,5$
14. $x = 8$
15. $x = 4$
16. $x = 2$
17. $x = \frac{1}{4}$

18. $x = \frac{1}{7}$

19. $x = 1$

20. $x = \frac{4}{9}$

21. $x = 20$

22. $x = 56$

23. $x = 10$

24. $x = 14{,}04$

25. $x = 2$

26. $x = 30\frac{2}{3}$

27. $x = 2\frac{1}{3}$

28. $x = 15$

29. $x = 36$

30. $x = 1$

31. $x = \frac{1}{10}$

32. $x = 1\frac{11}{25}$

33. $x = 3\frac{4}{15}$

34. $x = 10$

35. $x = 1{,}75$

36. $x = 15\frac{3}{5}$

37. $x = 2$

38. $x = 3$

39. $x = 23\frac{1}{3}$

40. $x = 2\frac{1}{2}$

41. $x = 6$

42. $x = 3$

43. $x = 40$

44. $x = 168$

45. $x = 3$

46. $x = 11$

47. $x = \frac{1}{6}$

48. $x = 3$

49. $x = 1{,}3$

50. $x = 3\frac{1}{5}$

51. $x = \frac{1}{2}$

52. $x = \frac{a}{2} = \frac{1}{2}a$

53. $x = 6\frac{3}{4}c$

54. $x = \frac{3a - 5b}{2}$

55. $x = \frac{8a + 2}{7}$

56. $x = 1\frac{1}{3}a$

57. $x = 4\frac{1}{2}b$

58. $x = 2a$

59. $x = \frac{2}{45}$

60. $x = 3\frac{1}{5}$

61. $x = 1{,}5$

62. $x = 4$

63. $x = 4$

64. $x = 35$

65. $x = 6$

66. $x = -2$

67. $x = 2a - \frac{5}{2}b$

68. $x = 6\frac{3}{4}b$

69. $x = 12 - 11a$

70. $x = 10$

71. $x = a + \frac{1}{4}$

72. $a = \frac{2A}{b}$ $\quad b = \frac{2A}{a}$

73. $d = \frac{U}{\pi}$

74. $b = \frac{A}{a}$

75. $d = \frac{M}{\pi h}$ $\quad h = \frac{M}{\pi d}$

76. $A = \frac{3V}{h}$ $\quad h = \frac{3V}{A}$

77. $n_2 = \frac{n_1 d_1}{d_2}$ $\quad n_1 = \frac{n_2 d_2}{d_1}$ $\quad d_1 = \frac{n_2 d_2}{n_1}$ $\quad d_2 = \frac{n_1 d_1}{n_2}$

78. $F = \frac{Qb}{a}$ $\quad Q = \frac{Fa}{b}$ $\quad a = \frac{Qb}{F}$ $\quad b = \frac{Fa}{Q}$

79. $d = \frac{2M}{\pi s}$ $\quad s = \frac{2M}{d\pi}$

80. $F = \frac{P \cdot 75 \cdot 30}{r \pi n}$ $\quad r = \frac{P \cdot 75 \cdot 30}{F \pi n}$ $\quad n = \frac{P \cdot 75 \cdot 30}{F \pi r}$

81. $p = \frac{Z \cdot 100}{K \cdot J}$ $\quad K = \frac{Z \cdot 100}{p \cdot J}$

82. $a_1 = \frac{2A}{b} - a_2$ $\quad a_2 = \frac{2A}{b} - a_1$ $\quad b = \frac{2A}{a_1 + a_2}$

83. $A_1 = \frac{2V}{h} - A_2$ $\quad h = \frac{2V}{A_1 + A_2}$

84. $D = \frac{2M}{\pi s} - d$ $\quad d = \frac{2M}{\pi s} - D$ $\quad s = \frac{2M}{\pi (D + d)}$

85. $U = \frac{1000\,P}{1{,}73 \cdot I \cdot 0{,}7}$ $\quad I = \frac{1000\,P}{1{,}73 \cdot U \cdot 0{,}7}$

86. $Q = \frac{Pe \cdot 60 \cdot 75}{2\pi l n}$ $\quad l = \frac{Pe \cdot 60 \cdot 75}{2\pi Q n}$ $\quad n = \frac{Pe \cdot 60 \cdot 75}{2\pi Q l}$

12.2. Zahlengleichungen mit Klammern

1. $x = -6$
2. $x = -6$
3. $x = 2$
4. $x = 10\frac{1}{2}$
5. $x = 50$
6. $x = 10$
7. $x = 6$
8. $x = 1$
9. $x = 8\frac{1}{17}$
10. $x = 4\frac{1}{5}$
11. $x = -a$
12. $x = 4$
13. $x = \frac{44}{49}$
14. $x = -\frac{1}{50}$
15. $x = 2$
16. $x = 21$
17. $x = 5$
18. $x = 10$
19. $x = 2$
20. $x = 1,5$
21. $x = \frac{2}{3}$
22. $x = -\frac{1}{50}$
23. $x = 3$
24. $x = 1$
25. $x = \frac{99}{323}$

12.3. Textgleichungen

1. $x = 13,7$
2. $x = 9$
3. $x = 1\frac{11}{12}$
4. $x = 46$
5. $x = -1,6$
6. $x = 5\frac{8}{15}$
7. 78,2 m
8. 150,46 km
9. 12,7 kg
10. $x = 11$
11. $x = 31$
12. $x = 6$
13. $x = 32,5$
14. 960 kg
15. 42 Äpfel
16. $x = 35$
17. 27 m
18. 256 Nägel
19. $x = 60$
20. $x = 147$
21. 35 Bewohner
22. $x = \frac{2}{3}$
23. 288 Kinobesucher
24. $x = 9,4$
25. $x = 39$
26. a) 58°
    b) 70°
    c) 2,06 cm
    d) 112°
    e) 2,185 dm
    f) 13,7 cm
    g) 84,823 m
    h) 197 m
    i) 38,5 cm
    j) 730 mm
    k) 46,7 mm
    l) 1107,8 N
    m) $F_1 = 900$ N
       $F_2 = 600$ N
    n) 70 mm
    o) 923 N
27. $A = 60$ DM
    $B = 120$ DM
    $C = 90$ DM
28. 48 m
29. Nägel = 5 DM
    Schrauben = 12,50 DM
30. 21 Minuten
31. 3 m
32. 1,7 Stunden
    195,5 km
33. 1,6 Stunden
    192 km
34. $a = 11$ cm
    $b = 13$ cm
    $c = 19$ cm
35. Kartoffeln = 0,4 DM
    Äpfel = 3,2 DM
    Bohnen = 1,4 DM
36. 48 Stunden
    1680 km
37. 50 Minuten
    15 km

12.4. Zahlengleichungen mit Produkten

1. $x = 4$
2. $x = 4\frac{1}{3}$
3. $x = 29$
4. $x = -8$
5. $x = 3$
6. $x = 7$
7. $x = 10$
8. $x = -44\frac{6}{7}$
9. $x = -8$
10. $x = 2$
11. $x = 40$
12. $x = 6$
13. $x = 8$
14. $x = 40$
15. $x = 9$
16. $x = 2$
17. $x = -3$
18. $x = 1\frac{2}{3}$
19. $x = 7$
20. $x = \frac{8 - 2b}{9}$
21. $x = 2c$
22. $x = \frac{2a - 5}{65}$
23. $x = 3 - a$
24. $x = c + 15$

12.5. Textgleichungen mit Produkten

1. $x = 3\frac{2}{3}$
2. $x = 3$
3. $x = -18$
4. $x = 3$
5. $x = -10$
6. $b = 6$ cm
7. 3 cm
8. $c = 7$ cm
9. $a = 75$ cm
$b = 87{,}5$ cm
10. 224 cm
11. In 3 Jahren
12. 13 Uhr
180 km
13. 22,5 l
14. Kopfende = 10 kg
Schwanzende = 8 kg
Rumpf = 36 kg
15. 9
16. 8
17. 15
18. 15
19. 152
20. 6 m
21. 4 Tage, 14 Stunden
22. $a = 15$ cm
$c = 10$ cm
23. 30 cm
24. 25 Tage
408 DM

12.6. Zahlengleichungen mit Brüchen

1. $x = 3$
2. $x = 2b$
3. $x = 3$
4. $x = 2$
5. $x = p$
6. $x = 2$
7. $x = 1$
8. $x = 5d$
9. $x = \frac{ab}{3b - 2a}$
10. $x = 3c$
11. $x = 3$
12. $x = 13n$
13. $x = 2$
14. $x = 3$
15. $x = 4a$
16. $x = m$
17. $x = 20$
18. $x = 8$
19. $x = 10$
20. $x = 180$
21. $x = 15$
22. $x = 3$
23. $x = 100$
24. $x = 36$
25. $x = 0$
26. $x = \frac{1}{2}$
27. $x = 1{,}2$
28. $x = 3$
29. $x = 5{,}5$
30. $x = 28$

31. $x = b(c - a)$

32. $x = b(a - c)$

33. $x = c(m - a)$

34. $x = \frac{1}{ab}$

35. $x = \frac{c}{a}$

36. $x = ab$

37. $x = \frac{c}{d}$

38. $x = 2$

39. $x = 3\frac{5}{8}$

40. $x = 2$

41. $x = 0{,}6$

42. $x = -6\frac{1}{2}$

43. $x = -1$

44. $x = 5$

45. $x = 2$

46. $x = 4$

47. $x = \frac{16}{27}$

48. $x = 10$

49. $x = 3$

50. $x = -2$

51. $x = 3\frac{5}{8}$

52. $x = 1$

53. $x = 1$

54. $x = \frac{1}{3}$

55. $x = \frac{2}{11}$

56. $x = -16$

57. $x = \frac{1}{3}$

58. $x = 1{,}5$

59. $x = 1$

60. $x = 4b$

61. $x = 2$

62. $x = 5$

63. $x = 2$

64. $x = 10$

65. $x = 1$

66. $x = 7$

67. $x = 2b$

68. $x = 4$

69. $x = 5$

70. $x = 1$

71. $x = 12$

72. $x = 11$

73. $x = 2$

74. $x = 5$

75. $x = 5$

76. $x = 3$

77. $x = 7m$

78. $x = 3$

79. $x = 9$

80. $x = 120$

81. $x = -\frac{5}{7}$

82. $x = 2a$

83. $x = 9$

84. $x = -6{,}5$

Textgleichungen mit Brüchen

12.7.

1. $x = 2$

2. $x = 3$

3. $x = 7$

4. $x = 16$

5. $x = 5$

6. $x = 7$

7. $x = 4$

8. $x = 5$

9. 5%; $4\frac{1}{4}$%

10. 750 DM

11. 12500 DM

12. 6%

13. 250 DM
6,50 DM

14. 1250 DM

15. 5%

16. 5,5%

17. 52 m; 65 m

18. 3,75 DM
0,10 DM

19. 1000 km

20. 613,63 N

21. 6,43 l

22. 400 cm^3

23. 8,47

24. 7,1

25. 152,9 g

26. 11,4 g

27. 57,6%ig

28. 53,32%ig

29. 0,851 dm^3 (80%ige)
3,649 dm^3 (43%ige)

30. 11 l

31. 8,4

32. 42 Tage

33. 6 Stunden

34. 5 Tage

35. 53,85 Minuten

36. 6 Tage

37. 144 Minuten
2 Stunden
24 Minuten

38. 18,73 Stunden

39. 12 Tage

40. 24 Minuten

12.8.

Zahlengleichungen mit Potenzen

1. $x = 4$
2. $x = 1$
3. $x = 4$
4. $x = 1$
5. $x = c - d$
6. $x = a - 3c$
7. $x = m + n$
8. $x = b + 1$
9. $x = \frac{a + b}{2}$
10. $x = cd$
11. $x = -ab$
12. $x = \frac{a}{b}$
13. $x = c$
14. $x = \frac{d}{c}$
15. $x = a + n$
16. $x = -\frac{a + c}{2}$
17. $x = \frac{4c(c - b)}{b - 2c}$
18. $x = 1$
19. $x = \frac{12b}{11c}$
20. $x = 4a$
21. $x = \frac{2m + n}{5}$
22. $x = (a - b)\,2a$
23. $x = 3b - 2c$
24. $x = \frac{a(a-c) - b(a+c)}{2b - 2a}$
25. $x = b + c$
26. $x = b + c$
27. $x = c$
28. $x = 4b - 5c$
29. $x = 3$
30. $x = -4a$
31. $x = 27a - 3b$
32. $x = d - c$

12.

Technische Aufgaben zur Wiederholung von Textgleichungen über 12.

a) Physik

1. 10 N
2. 500 N
3. 130,77 N
4. 328,6 m^3
5. 4840 l
6. 1280 N
7. 44,15 m
8. 78,48 m
   39,24 m/s
9. 81,5 m
   nach 4,07 s
10. 4,3 N/cm^2;
    auf die ganze
    Fläche: 21,5 kN
11. $6\frac{2}{3}$ km
12. 0,874 cm
13. 310,3 K
14. 4,75 kg Schnee

b) Maschinenbau

15. 432 m
16. 9,6 m/s
17. $4\frac{1}{6}$ min
18. a) 8,49 U/min
    b) 10,205 min
19. a) 152,8 U/min
    b) 2,66 min
20. 33,912 l/s
21. 326 l/min
22. 2,55 kW
23. 7,88 kW
24. 56,5 kW
25. 78 cm
26. 451,5 mm
27. 200 mm
28. 168 N
29. 716,5 U/min
30. 136 mm
31. a) 5000 N/cm^2
    b) 70 mm
32. 45 mm
33. 47,42 kW
34. 1806,24 N
35. 20 mm ϕ
36. a) 132,6 l
    b) 121,992 kg

c) Bauwesen

37. 7,43 kW
38. $y = 0{,}875$
39. 814 l
40. 1265 Steine
41. 727,17 l
42. 338 Ziegel,
    234 l Mörtel
43. 2,88 m^3 Mörtel,
    5000 Steine
44. 4700 Steine,
    2,7 m^3 Mörtel
45. 34,872 kN
46. 140,2 mm
47. 124 mm
48. 482,6 N
49. 1071,4 cm^2
50. Mauerziegel:
    833,33 m,
    Klinker:
    1842,1 m
51. bei 39,9126 kN

d) Elektrotechnik

52. 180 Volt

53. 55 Ω

54. 489 Ω

55. 5,5 Ampere

56. 1210 Watt
= 1,21 kWh

57. 1 kWh

58. 18,— DM

59. 0,64 Pf,
Wirkungsgrad: 70,9%

60. 307 kWh

61. in Reihe: 115 Ω,
parallel: 10,5 Ω

62. 0,125 Ω

63. 14,4 mA

64. 2,26 mm

65. 2,655 kg

66. 6 V

67. 220 m

68. a) 578 W
b) 0,115 kWh
c) 3,66 Pf

13. Proportionen

13.

1. 8 m : 5 m

2. 7 cm : 5 cm

3. 137 DM : 32 DM

4. 3 km : 2 km

5. 1 : 6

6. 16 : 25

7. 28 g : 25 g

8. 2 kg : 3 kg

9. 3 : 8

10. 3 : 2

11. $x = 12$

12. $x = 5$

13. $x = 6$

14. $x = 10$

15. $x = \frac{2}{7}$

16. $x = 1\frac{4}{21}$

17. $x = 1\frac{7}{8}$

18. $x = \frac{1}{2}$

19. $x = 1\frac{4}{5}$

20. $x = 60$

21. $x = 21$

22. $x = \frac{3}{10}$

23. $x = 1$

24. $x = 10\frac{1}{3}$

25. $x = 3$

26. $x = a + b$

27. $x = 2b$

28. $x = 21$

29. $x = \frac{25n}{36}$

30. $x = 4$

31. $63 = 27 + 36$

32. $x = -5\frac{1}{7}$

33. 960 g Sauerstoff,
3040 g Stickstoff

34. 1320 km

35. 8 : 9

36. 19,65 kg Sauerstoff,
62,24 kg Stickstoff

37. 262,5 l

38. $27\frac{7}{9}$ kg

39. $27\frac{3}{17}$ min

40. 4,05 kg Zinn, 450 g Blei

41. 3,655 kg Kupfer
4,080 kg Zink
0,765 kg Silber

42. 2087 DM

43. 6864480 DM

44. $\frac{d_A}{d_B} = \frac{143}{102}$;
$d_A = 336{,}4$ mm

45. 494,1 U/min

46. 26,5 cm

47. 600 Umdrehungen;
1,6 : 1 Übersetzungsverhältnis

48. b) Kühlwasserverluste: 3,6 l
Auspuffgasverluste: 4,08 l
Getriebeverluste: 0,48 l
Nutzleistung: 3,84 l

49. 5 km

50. 30 m

51. 0,68 m
1,12 m
0,24 m
3,16 m

52. 31,5 × 33,6 cm

53. 2,44 m³ Kalk
7,82 m³ Mörtel

54. a) 3009,5 l Sand
1504,75 l Zement
b) 2257,13 kg
c) ≈ 28%

55. a) 216,66 l Zement
863,5 l Sand
b) 325 kg Zement
c) ≈ 27,32%

56. 242,15 l Kalk

57. 81 kg Zement
648 kg Kies

58. 138 kg Zement
832,6 kg Kies

59. a) 3648 l Mörtel
b) 3840 l Sand

60. $Q_2 = 4151{,}25$ cal

61. $Q_2 = 373$ cal

62. $A_2 = 40\ \text{mm}^2$

63. $R_a = 15\ \Omega$

64. $l_2 = 20{,}25$ cm

65. $v_2 = 21{,}83$ m/s

66. 13,3 N/cm²

67. 1,88 m/s

68. 0,2513 N

69. 63,245 km

Mittelwerte

1. a) $m_a = 3,5$
   b) $m_a = 8$
   c) $m_a = 2,8$
2. a) $m_a = 13$
   b) $m_a = \frac{11}{36}$
3. a) $m_a = a + 2b$
   b) $m_a = \frac{3a + b}{12}$
   c) $m_a = \frac{2a + b}{2}$
4. a) $m_a = \frac{13a + 4b + 12x}{36}$
   b) $m_a = \frac{24 + 7a + b}{12}$
5. $\eta = 0,31$
6. $v = 1814,17$ km/h
7. 1144 K
8. $\sigma = 415$ N/mm²
9. 293,8 K
10. a) $m_a = 4$, $m_g = 3,87$, $m_h = 3,75$
    b) $m_a = 0,35$, $m_g = 0,316$, $m_h = 0,286$
    c) $m_a = 3$, $m_g = 2,97$, $m_h = 2,94$
    d) $m_a = a + 4b$, $m_g = 4\sqrt{ab}$, $m_h = \frac{16ab}{a + 4b}$

14. Gleichungen mit mehreren Variablen

14.1. Zahlengleichungen mit mehreren Variablen

1. $x = 6$, $y = 4$
2. $x = 86$, $y = 21$
3. $x = 7$, $y = 5$
4. $x = 13$, $y = 3$
5. $x = 2$, $y = 12$
6. $x = 4$, $y = 3$
7. $x = -4$, $y = -2$
8. $x = -3$, $y = 4$
9. $x = 5$, $y = 2$
10. $x = -9$, $y = -6$
11. $x = -3$, $y = -4$
12. $x = 8$, $y = 5$
13. $x = 6,8$, $y = 3,4$
14. $x = 3$, $y = 4$
15. $x = 13$, $y = 5$
16. $x = 5$, $y = 3$
17. $x = 17\frac{1}{2}$, $y = 5\frac{5}{16}$
18. $x = 13$, $y = 12$
19. $x = 3$, $y = 6$
20. $x = 20$, $y = 15$
21. $x = 4$, $y = \frac{1}{4}$
22. $x = \frac{7}{10}$, $y = \frac{1}{2}$
23. $x = 7$, $y = 4$
24. $x = 9$, $y = 14$
25. $x = 12$, $y = 6$
26. $x = \frac{a^2 + n^2}{a + n}$, $y = \frac{a^2 + n^2}{a + n}$
27. $x = 4$, $y = 6$
28. $x = 7\frac{3}{5}$, $y = \frac{7}{20}$
29. $x = 4$, $y = 5$
30. $x = 5$, $y = 7$
31. $x = 14$, $y = 15$
32. $x = 8$, $y = 7$
33. $x = 11$, $y = 9$
34. $x = 1\frac{3}{16}$, $y = \frac{1}{8}$
35. $x = m$, $y = n$
36. $x = 2$, $y = 5$
37. $x = 2$, $y = 5$, $z = 9$
38. $x = 13$, $y = 15$, $z = 17$
39. $x = 5$, $y = 4$, $z = 1$
40. $x = 5$, $y = 7$, $z = 8$
41. $x = 60$, $y = 30$, $z = 10$
42. $x = 12$, $y = 8$, $z = 2$
43. $x = \frac{1}{2}$, $y = \frac{1}{3}$, $z = \frac{1}{4}$
44. $x = 3$, $y = 5$, $n = 13$, $z = 9$
45. $x = 6\frac{9}{13}$, $y = 8\frac{12}{13}$, $z = 13\frac{5}{13}$
46. $x = \frac{3}{4}$, $y = \frac{1}{4}$, $z = \frac{1}{2}$

14.2.

Textgleichungen mit mehreren Variablen

1. $x = 40$
   $y = 13$
2. $x = 15$
   $y = 25$
3. 84
4. 10 und 4
5. 9,5%
   10,5%
6. 16 l/min
   20 l/min
7. 1,0 l (1,2)
   1,5 l (1,15)
8. 10,3 kg (7,3)
   49,7 kg (8,8)
9. $A = 270$,— DM
   $B = 360$,— DM
10. 12,872 km/h
    3,218 km/h
11. 225,2 km/h;
    64,36 km/h
12. 45 m³; 95 m³

    65 m³; $5\frac{35}{41}$ Std.
13. Meister: 64 Jahre
    Lehrling: 16 Jahre
    Geselle: 23 Jahre
14. 1171 g Kupfer;
    329 g Zinn
15. 1200,— DM
    und 1600,— DM
16. 2 m und 1 m
17. 525 mm
18. Schiff: 19,909 km/h;
    Strom = 0,961 km/h
19. $v = 6{,}79$ m/s
20. $F_1 = 8{,}89$ kN
    $F_2 = 13{,}335$ kN
    $F_3 = 31{,}115$ kN

15. Einführung in die Funktionenlehre

15.22.

Graphische Darstellung von linearen Funktionen

1.

	x	-3	-2	-1	0	1	2	3	4
a)	y	-10	-7	-4	-1	2	5	8	11
b)	y	-5	-1	3	7	11	15	19	23
c)	y	-18	-13	-8	-3	2	7	12	17
d)	y	2	$2\frac{2}{3}$	$3\frac{1}{3}$	4	$4\frac{2}{3}$	$5\frac{1}{3}$	6	$6\frac{2}{3}$
e)	y	-15	-11	-7	-3	1	5	9	13
f)	y	-1	0	1	2	3	4	5	6
g)	y	$-6\frac{1}{2}$	$-4\frac{1}{2}$	$-2\frac{1}{2}$	$-\frac{1}{2}$	$1\frac{1}{2}$	$3\frac{1}{2}$	$5\frac{1}{2}$	$7\frac{1}{2}$
h)	y	1	$1\frac{1}{2}$	2	$2\frac{1}{2}$	3	$3\frac{1}{2}$	4	$4\frac{1}{2}$

3. 3,6056
4. $a = 7$; $b = 4$;
   $d = 8{,}06$; $A = 28$
7. a) $m = 0{,}5$
   $y = \frac{1}{2}x$

   b) $m = \frac{1}{3}$
   $y = \frac{1}{3}x$

   c) $m = 3$
   $y = 3x$

   d) $m = -2$
   $y = -2x$
8. a) $m = -1{,}25$
   $y_3 = 7{,}75$
   $y = -1{,}25x + 7{,}75$
   $x = 6{,}2$

   b) $m = -\frac{2}{5}$
   $y_3 = -2\frac{1}{5}$
   $y = -\frac{2}{5}x - 2\frac{1}{5}$
   $x = -5\frac{1}{2}$

   c) $m = \frac{4}{11}$
   $y_3 = 1\frac{6}{11}$
   $y = \frac{4}{11}x + 1\frac{6}{11}$
   $x = -4\frac{1}{4}$

   d) $m = \frac{4}{9}$
   $y_3 = -\frac{2}{3}$
   $y = \frac{4}{9}x - \frac{2}{3}$
   $x = 1{,}5$

15.3. Graphische Lösung von Gleichungen mit einer Variablen

1. $x = 4$

2. $x = 9$

3. $x = 13$

4. $x = 4$

5. $x = -20$

6. $x = 3\frac{2}{3}$

7. $x = -\frac{1}{4}$

8. $x = -3\frac{1}{3}$

9. nach 6 Std.
$A = 18$ km
$B = 21$ km

10. nach 3 Std.
$A = 36$ km
$B = 24$ km

11. 2 Std. nach Abfahrt des Radfahrers. 28 km

12. um 8.29 Uhr
$A = 66{,}4$ km
$B = 53{,}6$ km

13. aus Düsseldorf: 36,4 km
aus Nürnberg: 54,5 km

14. 26 km

15. a) Lastwagen — Personenwagen: nach 247,5 km um 12.30 Uhr
Lastwagen — Sportwagen: nach 292,5 km um 13.30 Uhr
Personenwagen — Sportwagen: nach 357,5 km um 14.30 Uhr

b) Lastwagen: 14.57 Uhr; Personenwagen: 14.31 Uhr; Sportwagen: 14.31 Uhr

c) Sportwagen und Personenwagen zusammen

16. a) Motorrad — Auto: nach 275 km um 14.30 Uhr
Motorrad — Lastwagen: nach 222 km um 13.26 Uhr
Auto — Lastwagen: nach 220 km um 13.30 Uhr

b) Motorrad: 16.12 Uhr; Auto: 16.03 Uhr; Lastwagen: 19.00 Uhr

c) Auto

17. 29,2 Min.

18. 4 Std., 6 Min.

19. 11 Std., 40 Min.

15.4. Graphische Lösung von Gleichungen mit zwei Variablen

1. $x = -4{,}4;\ y = -1{,}6$

2. $x = -1;\ y = 2$

3. $x = -\frac{8}{7};\ y = \frac{19}{7}$

4. Kein Schnittpunkt, da Geraden parallel

5. $x = 2\ ;\ y = 3$

6. $x = -2;\ y = 5$

7. $x = 5;\ y = 2$

8. $x = 1\frac{7}{11};\ y = -\frac{3}{11}$

9. $x = 1;\ y = -2$

10. Bei 80 m³ Verbrauch ist der Tarif mit 6,— DM Grundgebühr der günstigere.
Bei $133\frac{1}{3}$ m³ Verbrauch sind beide Tarife gleich günstig.

11. Der Tarif mit 7,— DM Grundgebühr ist günstiger.
Bei 500 kWh sind beide Tarife gleich günstig.

16. Wurzelgleichungen

16.

1. $x = 36$
2. $x = 2{,}25$
3. $x = \frac{1}{4}$
4. $x = a^2$
5. $x = 25b^2$
6. $x = \frac{c^2}{9}$
7. $x = a^2 + 2ab + b^2$
8. $x = 1 + 2a + a^2$
9. $x = \frac{a^2}{4} + \frac{ab}{3} + \frac{b^2}{9}$
10. $x = \frac{c^2}{4} - 4c + 16$
11. $x = 25$
12. $x = 16$
13. $x = 8$
14. $x = 6$
15. $x = 31{,}5$
16. $x = 7$
17. $x = 14$
18. $x = 5$
19. $x = c^3 - d^3$
20. $x = 2\frac{1}{4}a^2$
21. $x = 15$
22. $x = \frac{n^2}{a^2} - n$
23. $x = 64$
24. $x = 36$
25. $x = 8$
26. $x = -25$
27. $x = 8$
28. $x = \frac{1}{5}$
29. $x = \frac{1}{3}$
30. $x = 16$
31. $x = 25$
32. $x = 15$
33. $x = 3$
34. $x = 5$
35. $x = 4$
36. $x = 4$
37. $x = 25n^2$
38. $x = 6$
39. $x = 2$
40. $x = \frac{1}{4}$
41. $x = -4$
42. $x = 7$

43. $x = 9$
44. $x = 2$
45. $x = 8$
46. $x = 4$
47. $x = c^2 + d^2$
48. $x = 2\frac{1}{2}$
49. $x = 11$
50. $x = 18$
51. $x = \frac{1}{2}$
52. $x = 9b$
53. $x = 4$
54. $x = 17$
55. $x = 81$
56. $x = 64$
57. $x = 4$
58. $x = 9$
59. $x = 9$
60. $x = 49$
61. $x = 9$
62. $x = 5$
63. $x = \left(-\frac{15}{8}a\right)^2 = \frac{225}{64}a^2$
64. $x = 1$
65. $x = a^2$
66. $x = 16$
67. $x = 4$
68. $x = 9b$
69. $x = 7$
70. $x = 4m^2 - mn + \frac{n^2}{4}$
71. $x = 11$
73. $x = 49;\ y = 25$
74. $x = 1;\ y = 4$
75. $x = 2;\ y = 5$
76. $x = \frac{1}{4};\ y = \frac{1}{9}$
77. $x = (a + b)^2$; $y = (a - b)^2$
78. $x = 43{,}56$; $y = 24{,}16$
79. $x = 12$; $y = 3$
80. $x = 25$; $y = 16$

17. Gleichungen II. Grades mit einer Variablen

Zahlengleichungen II. Grades mit einer Variablen

17.1.

1. $x = \pm 4$
2. $x = \pm 72$
3. $x = \pm \frac{9}{13}$
4. $x = \pm 72{,}89$
5. $x = \pm 48$
6. $x = \pm 5$
7. $x = \pm 1$
8. $x = \pm 15$
9. $x = \pm 15$
10. $x = \pm \frac{1}{4}$
11. $x = \pm 2$
12. $x = \pm 5$
13. $x = \pm 4$
14. $x = \pm \frac{\sqrt{5}}{2}$
15. $x = \pm 2$
16. $x = \pm \sqrt{147}$
17. $x = \pm 4$
18. $x = \pm \sqrt{2a^2 + ab}$
19. $x = \pm 12$
20. $x = |a - b|$
22. $x = 4$
23. $x_1 = 8$; $x_2 = -14$
24. $x_1 = 13$; $x_2 = -5$

25. $x_1 = 3$
$x_2 = -10$

26. $x_1 = 2\frac{1}{3}$
$x_2 = -5$

27. $x_1 = 1$; $x_2 = \frac{3}{8}$

28. $x_1 = 1$; $x_2 = -1$

29. $x_1 = 1$
$x_2 = -9$

30. $x_1 = 0$
$x_2 = -3\frac{1}{3}$

32. $x_1 = 0$
$x_2 = 2$

33. $x_1 = 8$
$x_2 = 0$

34. $x_1 = \frac{1}{3}$
$x_2 = 0$

35. $x_1 = -\frac{5}{8}$
$x_2 = 0$

36. $x_1 = -1\frac{1}{9}$
$x_2 = 0$

37. $x_1 = 0$
$x_2 = -\frac{ap}{bn}$

38. $x_1 = 0$
$x_2 = -\frac{5b}{3a}$

39. $x_1 = 0$
$x_2 = \frac{b}{a}$

40. $x_1 = \frac{1}{15}$; $x_2 = 0$

42. $x_1 = -9$
$x_2 = -7$

43. $x_1 = 3$
$x_2 = -3$

44. $x_1 = \frac{1}{2}$
$x_2 = \frac{2}{3}$

45. $x_1 = -3b$
$x_2 = 2a$

46. $x_1 = b$
$x_2 = \sqrt{b}$

47. $x_1 = \frac{2a}{7}$
$x_2 = -\frac{4b}{3}$

48. $x = \pm\sqrt{4a - b} - 2a$

49. $x = \pm\sqrt{21} - 3$

50. $x_1 = \frac{3}{7}ab$
$x_2 = \frac{2}{5}ab$

52. $x_1 = 6$
$x_2 = 1$

53. $x_1 = 2 + \sqrt{5}$
$x_2 = 2 - \sqrt{5}$

54. $x_1 = 11$
$x_2 = 3$

55. $x_1 = 20$
$x_2 = -3$

56. $x_1 = -3 - \sqrt{22}$
$x_2 = -3 + \sqrt{22}$

57. $x_1 = 4$
$x_2 = 4$

58. $x_1 = 5$
$x_2 = -2$

59. $x_1 = -8$
$x_2 = 7$

60. $x_1 = 7$
$x_2 = 2$

61. $x_1 = 7$
$x_2 = -1$

62. $x_1 = -a + b$
$x_2 = -a - b$

63. $x_1 = 8$
$x_2 = \frac{1}{3}$

64. $x_1 = 6$
$x_2 = -\frac{1}{2}$

65. $x_1 = 2$
$x_2 = \frac{1}{5}$

66. $x_1 = 5$
$x_2 = 6$

67. $x_1 = -\frac{4}{7}$
$x_2 = -11$

68. $x_1 = 6$
$x_2 = -7\frac{1}{3}$

69. $x_1 = 9$
$x_2 = 8\frac{1}{3}$

70. $x_1 = 1{,}82$
$x_2 = -1{,}9$

71. $x_1 = \frac{7 + \sqrt{65}}{4} = 3{,}765$
$x_2 = \frac{7 - \sqrt{65}}{4} = -0{,}265$

72. $x_1 = 5$
$x_2 = -2$

73. $x_1 = 3$
$x_2 = -1$

74. $x_1 = -1\frac{1}{2}$
$x_2 = -1$

75. $x_1 = \frac{2}{3}$
$x_2 = -\frac{1}{3}$

76. $x_1 = 1$
$x_2 = \frac{7}{10}$

77. $x_1 = 1\frac{7}{15}$
$x_2 = -1$

78. $x_1 = 1\frac{1}{2}$
$x_2 = -\frac{1}{2}$

79. $x_1 = 1$
$x_2 = -1\frac{1}{4}$

80. $x_1 = \frac{1}{2}$
$x_2 = -2$

81. $x_1 = 4$
$x_2 = -1\frac{3}{4}$

82. $x_1 = 5$
$x_2 = -3\frac{1}{2}$

83. $x_1 = 0$
$x_2 = 8$
$x_3 = -8$

84. $x_1 = -2$
$x_2 = 1$

85. $x_1 = 7$
$x_2 = 4$

86. $x_1 = -1\frac{2}{5}$
$x_2 = 3$

87. $x_1 = -1$
$x_2 = 6$

88. $x = \pm\sqrt{5}$

89. $x_1 = 3$
$x_2 = 2$

90. $x_1 = 7$
$x_2 = -1$

91. $x = \pm 1$

92. $x = \pm 1$

93. $x_1 = 5$
$x_2 = 3$

94. $x_1 = \frac{5}{2}$
$x^2 = -\frac{1}{22}$

95. $x_1 = 11$
$x_2 = 3$

96. $x_1 = 10$
$x_2 = 1$

97. $x_1 = 5$
$x_2 = \frac{3}{7}$

98. $x_1 = 12$
$x_2 = 1$

99. $x_1 = 5$
$x_2 = 2\frac{1}{2}$

100. $x_1 = 4$
$x_2 = 5$

101. $x = 4$

102. $x_1 = 4\frac{1}{4}$
$x_2 = 2$

103. $x_1 = 3$
$x_2 = \frac{1}{33}$

104. $x = \pm 7$

105. $x_1 = -6\frac{1}{2}$
$x_2 = 3$

106. $x = \pm\sqrt{13}$

107. $x_1 = \frac{4}{5}$
$x_2 = \frac{1}{3}$

108. $x_1 = 5$
$x_2 = 2\frac{5}{13}$

109. $x_1 = 3$
$x_2 = -1\frac{5}{6}$

110. $x_1 = \frac{1}{3}$
$x_2 = 1$

111. $x_1 = -5$
$x_2 = \frac{7}{5}$

112. $x_1 = 1$
$x_2 = -\frac{7}{2}$

113. $x_1 = -5$
$x_2 = -3$

114. $x_1 = \frac{1}{14}\sqrt{177} + \frac{3}{14} \approx 1{,}165$
$x_2 = -\frac{1}{14}\sqrt{177} + \frac{3}{14} \approx -0{,}736$

115. $x = \pm 1$

116. $x_1 = 3$
$x_2 = -3\frac{1}{8}$

117. $x_1 = a + 1$
$x_2 = a - 1$

118. $x_1 = 2$
$x_2 = -1\frac{1}{5}$

119. $x_1 = 9$
$x_2 = 3\frac{34}{37}$

120. $x_1 = 6a + b$
$x_2 = 2a - b$

122. $x = -4$

123. $x_1 = 13$
$x_2 = -13$

124. $x_1 = -n$
$x_2 = n$

125. $x_1 = 5$

126. $x_1 = 2$
$x_2 = 0$

127. $x = 2$

128. $x = 10$

129. $x_1 = 6$
$x_2 = 14$

130. $x_1 = a + b$
$x_2 = \frac{a + b}{4}$

131. $x_1 = \frac{215}{9} + \frac{1}{9}\sqrt{41536} \approx 46{,}534$
$x_2 = \frac{215}{9} - \frac{1}{9}\sqrt{41536} \approx 1{,}244$

132. $x_1 = 2; x_2 = -\frac{22}{59}$

133. $x_1 = 15$
$x_2 = 1{,}5$

134. $x_1 = -9$
$x_2 = 5$

135. $x = 3$

136. $x_1 = 4$
$x_2 = -3\frac{8}{9}$

137. $x = 0$

138. $x = \pm a$

139. $x = 10$

140. $x_1 = \frac{2}{3}$
$x_2 = 0$

141. $x_1 = -\frac{7}{5}b$
$x_2 = \frac{3}{5}b$

142. $x_1 = 4a$
$x_2 = 5a - b$

144. $x_{1;2} = \pm 2$
$x_{3;4} = \pm \frac{1}{3}$

145. $x_1 = 0$
$x_{2;3} = \pm 2$

146. $x_1 = \sqrt[3]{-21} \approx -2{,}7589$
$x_2 = 2$

147. $x_1 = 5 + \sqrt{20} \approx 9{,}4721$
$x_2 = 5 - \sqrt{20} \approx 0{,}5279$
$x_3 = 5 + \sqrt{6} \approx 7{,}4495$
$x_4 = 5 - \sqrt{6} \approx 2{,}5505$

148. $x_{1;2} = \pm 5$
$x_{3;4} = \pm 1$

149. $x_{1;2} = \pm 1$
$x_{3;4} = \pm 13$

150. $x_1 = 1$
$x_2 = 4$

151. $x_{1;2} = \pm 3$
$x_{3;4} = \pm 2$

152. $x_1 = 2 + \sqrt{5 + \sqrt{34}} \approx 5{,}29$
$x_2 = 2 - \sqrt{5 + \sqrt{34}} \approx -1{,}29$

153. $x_1 = 3$
$x_2 = 1$
$x_3 = 2$
$x_4 = 1{,}5$

154. $x_{1;2} = \pm 2$
$x_{3;4} = \pm\sqrt{\frac{2}{3}} \approx \pm 0{,}8165$

155. $x_{1;2} = \pm 1$
$x_{3;4} = \pm\sqrt{23} \approx \pm 4{,}796$

17.2. Graphische Lösung von Zahlengleichungen II. Grades mit einer Variablen

1. $x_1 = 2$
$x_2 = -3$

2. $x_1 = 4$
$x_2 = -1$

3. $x = 3$

4. $x_1 = 3{,}54$
$x_2 = -2{,}54$

5. $x_1 = 1$
$x_2 = -2$

6. $x_1 = 5$
$x_2 = -6$

7. $x_1 = 3$
$x_2 = \frac{1}{4}$

8. $x_1 = -4$
$x_2 = 2$

9. $x_1 = 2{,}5$
$x_2 = -1{,}5$

10. $x_1 = 2{,}39$
$x_2 = -4{,}39$

11. $x_1 = 3$
$x_2 = 4$

12. $x_1 = 3$
$x_2 = -2$

13. $x_1 = 3$
$x_2 = -2$

14. $x_1 = 3$
$x_2 = 2$

15. $x_1 = 4$
$x_2 = 1$

17.3. Textgleichungen II. Grades mit einer Variablen

1. $x = 4$

2. $x = 3$

3. 18 m × 13,5 m

4. 55 cm × 65 cm

5. 200 Schrauben je 30 Pf

6. A: 45 Min.
B: 30 Min.

7. 60 km/h

8. 11,7 m

9. in 30 bzw. 45 Std.

10. Schrittlängen: 0,8 m und 1 m

11. 600 km/h

12. $d = 136{,}6$ cm

13. 5,28 cm

14. $D = 17{,}8$ m
$d = 13{,}8$ m

15. 57,36 Min.
72,36 Min.

16. $R_1 = 3\,\Omega$
$R_2 = 6\,\Omega$

17. 0,9434 m/s

18. 10,86 m/s

19. 150 m

20. 36 Tage
45 Tage

21. $F = 414{,}21$ N
$R = 585{,}79$ N

22. Um 2 Sekunden

23. 900 Sekunden
1350 Sekunden

24. 360 km/h

25. $d_1 = 20$ m
$d_2 = 35$ m

Rechnungsart	Erklärung	Formel	Seite
Logarithmieren	Man multipliziert den Exponenten mit dem Logarithmus der Basis. $\sqrt[v]{b^u} = b^{\frac{u}{v}}$ ⟶ Potenz	$\lg b^n = n \cdot \lg b$	164
		$\lg \sqrt[v]{b^u} = \frac{u}{v} \cdot \lg b$ $b > 0$; u, v *nat. Zahlen*	164
Gleichungen II. Grades	Normalform der quadratischen Gleichung.	$x^2 + px + q = 0$ $x_{1,2} = -\frac{p}{2} \pm \sqrt{\left(\frac{p}{2}\right)^2 - q}$	313
	Die Glieder $\frac{a}{2}$ und b haben bei der Lösungsformel immer die Vorzeichen entgegengesetzt wie bei der Normalform.	$x_1 + x_2 = -p$ $x_1 \cdot x_2 = q$ *Satz von Viëta*	313
Arithm. Reihe	a: Anfangsglied d: Differenz z: n-tes Glied n: Anzahl der Glieder s: Summe aller Glieder	$z = a + (n - 1) \cdot d$ $s = \frac{n}{2}(a + z)$ $= \frac{n}{2}[2a + (n - 1) \cdot d]$	336
Geom. Reihe	a: Anfangsglied q: Quotient ($q \neq 1$) n: Anzahl der Glieder z: n-tes Glied s: Summe aller Glieder	$z = a \cdot q^{n-1}$ $s = a \cdot \frac{q^n - 1}{q - 1} = a \cdot \frac{1 - q^n}{1 - q}$	340
	Die unendliche geometrische Reihe gilt nur für $q < 1$.	$s = \frac{a}{1 - q}$ *für* $q < 1$	344
Zinseszins- und Rentenrechnung	K_n: Kapital nach n Jahren K_0: Anfangskapital q: Zinsfaktor p: Prozentsatz r: Rente, regelmäßig wiederkehrende Zahlung	$K_n = K_0 \cdot q^n$ $q = 1 + \frac{p}{100}$	347
	Nachschüssig = Zahlung erfolgt am Ende des Zeitabschnittes (Jahres). Vorschüssig = Zahlung erfolgt am Anfang des Zeitabschnittes (Jahres).	$K_n = r \cdot \frac{q^n - 1}{q - 1}$ *nachschüssig* $K_n = rq \cdot \frac{q^n - 1}{q - 1}$ *vorschüssig*	348
		$K_n = K_0 \cdot q^n \pm r \cdot \frac{q^n - 1}{q - 1}$ *nachschüssig*	348
		$K_n = K_0 \cdot q^n \pm rq \cdot \frac{q^n - 1}{q - 1}$ *vorschüssig*	348

Mathematische Formeln zu Kusch Band 1

Rechnungsart	Erklärung	Formel	Seite
Addieren	Man addiert bei gleichartigen Summanden die Beizahlen.	Summanden: $3a + a + 4a = 8a$ (Summe)	24
	Die Summanden darf man vertauschen (Kommutativgesetz).	$a + b = b + a$	24
	Man darf Summanden zu Teilsummen zusammenfassen (Assoziativgesetz).	$(a + b) + c = a + (b + c)$	24
	Man kann immer nur gleichartige Summanden addieren.	$\underbrace{2a + 3a} + \underbrace{5b + 4b} = 5a + 9b$	25
Subtrahieren	Man subtrahiert bei gleichartigen Zahlen die Beizahlen voneinander.	Minuend, Subtrahend: $5a - 2a = 3a$ (Differenz)	32
	Nur gleichartige Zahlen lassen sich voneinander subtrahieren.	$\underbrace{8a - 2a} - 3b = 6a - 3b$	36
Addieren und Subtrahieren		1 $(-a) + (-b) = -(a + b)$ 2 $a + (-b) = a - b;\ \lvert a\rvert > \lvert b\rvert$ $= -(b - a);\ \lvert b\rvert > \lvert a\rvert$ 3 $a - (-b) = a + b$ 4 $a - b = +(a - b);\ \lvert a\rvert > \lvert b\rvert$ $= -(b - a);\ \lvert b\rvert > \lvert a\rvert$ 5 $(-a) - (-b) = -(a - b);\ \lvert a\rvert > \lvert b\rvert$ $= +(b - a);\ \lvert b\rvert > \lvert a\rvert$ 6 $(-a) - b = -(a + b)$ 7 $(-a) + b = -(a - b);\ \lvert a\rvert > \lvert b\rvert$ $= +(b - a);\ \lvert b\rvert > \lvert a\rvert$ $a, b > 0$	44
Das Rechnen mit Klammern	Steht ein Pluszeichen vor der Klammer, so kann man diese weglassen.	$a + (b + c - d) = a + b + c - d$	53
	Ein Minuszeichen vor der Klammer verändert alle Rechenzeichen in der Klammer.	$a - (b + c - d) = a - b - c + d$	54
	Bei mehreren Klammern von innen nach außen auflösen.	$a - \{b + [c - (d + e)]\}$ $= a - \{b + [c - d - e]\}$ $= a - \{b + c - d - e\}$ $= a - b - c + d + e$	56

18. Gleichungen II. Grades mit zwei Variablen

18.

1. $x_1 = 6; x_2 = -6$
$y_1 = 9; y_2 = -9$

2. $x_1 = 2; x_2 = -2$
$y_1 = 3; y_2 = -3$

3. $x_1 = 2; x_2 = -2$
$y_1 = 7; y_2 = -7$

4. $x_1 = 2; x_2 = -2$
$y_1 = 1; y_2 = -1$

5. $x_1 = 1; x_2 = -1$
$y_1 = 2; x_2 = -2$

6. $x_1 = 3; x_2 = -7\frac{2}{3}$
$y_1 = 4; y_2 = 14\frac{2}{3}$

7. $x_1 = 6; x_2 = 3$
$y_1 = 3; y_2 = 0$

8. $x_1 = 9; x_2 = -9$
$y_1 = 1; y_2 = -1$

9. $x_1 = 3; x_2 = 2$
$y_1 = 2; y_2 = 3$

10. $x_1 = 2; x_2 = -2$
$y_1 = 3; y_2 = -3$

11. $x_1 = 6; x_2 = 5\frac{1}{3}$
$y_1 = 4; y_2 = 4{,}5$

12. $x_1 = 5; \; x_2 = -1{,}2$
$y_1 = \frac{1}{5}; y_2 = -\frac{5}{6}$

13. $x_1 = 3; \; x_2 = 17$
$y_1 = 17; y_2 = 3$

14. $x_1 = \frac{5}{3}; x_2 = 4$
$y_1 = 6; y_2 = 2{,}5$

15. $x_1 = a + b; x_2 = a - b$
$y_1 = a - b; y_2 = a + b$

16. $x_1 = \frac{a}{b}; x_2 = -\frac{b}{a}$
$y_1 = \frac{b}{a}; y_2 = -\frac{a}{b}$

17. $x_1 = 0; \; x_2 = 8$
$y_1 = 10; y_2 = 6$

18. $x_1 = -3; x_2 = -17$
$y_1 = 12; \; y_2 = 19$

19. $x_1 = 2; \; x_2 = 10$
$y_1 = 10; y_2 = 2$

20. $x_1 = 2; x_2 = -\frac{7}{5}$
$y_1 = 3; y_2 = -\frac{7}{9}$

21. $a_1 = 40$ cm
$a_2 = 9$ cm
$b_1 = 9$ cm
$b_2 = 40$ cm

22. $a_1 = 6$ cm; $a_2 = 4{,}5$ cm
$b_1 = 4{,}5$ cm
$b_2 = 6$ cm
$U = 18$ cm

23. $a = 9$ cm; $b = 12$ cm

24. 3 und 7

25. $a = 109{,}09$ cm
$b = 49{,}997$ cm

19. Exponentialgleichungen

19.

1. $x = 4$

2. $x = 2$

3. $x = 3$

4. $x = -4{,}324$

5. $x = 2$

6. $x = 2$

7. $x = 4{,}43$

8. $x = 2$

9. $x = 2$

10. $x = 2$

11. $x \approx 1{,}95$

12. $x = 3$

13. $x = 9a$

14. $x = \frac{1}{2}$

15. $x \approx 0{,}07243$

16. $x = -4$

17. $x = 13$

18. $x = 0{,}6419$

19. $x \approx 4{,}4$

20. $x \approx 1{,}2275$

21. $x_1 = 3$
$x_2 = -1$

22. $x_1 = 3$
$x_2 = 2$

23. $x = 5$
$y = 2$

24. $x \approx 1{,}485$
$y = 2{,}5047$

III. REIHENLEHRE

21. Arithmetische Reihe

21.

1. $z = 63$
$s = 525$

2. $z = -23$
$s = -78$

3. $z = -32$
$s = -230$

4. $z = 3$
$s = -15$

5. $z = 20$
$s = 210$

6. $n = 18$
$s = 567$

7. $a = 13$
$s = 18$

8. $a = 3$
$d = 2$

9. a) $n = 16$, $z = 50$ b) $z = 91$, $s = 1425$ c) $d = -5$, $s = -750$

d) $a = 8$, $d = 7$ e) $a = 168$, $s = 17556$ f) $s = 4250$, $n = 100$, $z = 290$

10. $s = 1225$

11. $a = \frac{s}{n} - \frac{nd}{2} + \frac{d}{2} = \frac{s}{n} - \frac{d(n-1)}{2}$

12. $n = \sqrt{\frac{2ds + \left(a - \frac{d}{2}\right)^2}{d^2}} - \frac{a - \frac{d}{2}}{d} = -\frac{2a-d}{2d} \pm \sqrt{\left(\frac{2a-d}{2d}\right)^2 + \frac{2s}{d}}$

13. a) $z = a + (n-1) \cdot d$

b) $z = \frac{2s}{n} - a$

c) $z = \sqrt{\frac{d^2}{4} + 2sd + a^2 - ad} - \frac{d}{2} = -\frac{d}{2} \pm \sqrt{2ds + \left(a - \frac{d}{2}\right)^2}$

d) $z = \frac{s}{n} + \frac{(n-1)d}{2}$

14. $n = 40$

15. $n = 40$

16. $s = 19418$

17. 6; 3; 0; −3; −6; −9

18. 5050

19. 352

20. 312

21. 725

22. nach 17 sec

23. ≈ 6,624 Lagen

24. 17457

25. $s = 205$

26. $t = 380$ K

27. 2460 DM/Mon.
594000 in 25 Jahren

28. $v = 6680$ m/s

29. $s = 97{,}2$ km/h

30. $a = 335$ DM, $z = 665$ DM

22.

22. Geometrische Reihe

1. $z = 486$, $s = 728$

2. $z = \frac{9}{256} = 0{,}035$, $s = 17{,}96$

3. $q = 6$, $s = 3359230$

4. $q = 3$, $s = 5465$

5. $z = \frac{256}{729}$, $s = 11{,}28$

6. $z = \frac{2}{59049}$, $s = 8{,}999$

7. $z = 51{,}27$, $s = 147{,}78$

8. $49; 7; 1; \frac{1}{7}; \frac{1}{49}$

9. $n = 6$, $s = 27342$

10. $n = 9$, $s = 511$

11. a) $a = 3$, $s = 3069$

b) $q = 2$, $s = 6643$

c) $a = 5$, $z = 98415$

d) $n = 7$, $z = 102400$

e) $s = -30557800$, $z = -40743810$

12. a) $a = \frac{s(q-1)}{q^n - 1}$ b) $a = \frac{z}{q^{n-1}}$ c) $a = qz - (q-1)s$

13. a) $1 - 3 + 9 - 27 + 81$

b) $\frac{25}{27} + \frac{5}{9} + \frac{1}{3} + \frac{1}{5} + \frac{3}{25}$

c) $\frac{1}{a} + \frac{1}{b} + \frac{a}{b^2} + \frac{a^2}{b^3} + \frac{a^3}{b^4}$

d) $a^2b - a^3 + \frac{a^4}{b} - \frac{a^5}{b^2} + \frac{a^6}{b^3}$

14. 49; 7; 1; $q = \frac{1}{7}$

15. a) $18{,}45 \cdot 10^{18}$ b) $9{,}223 \cdot 10^{11}$ t

16. 20480 Bazillen

17. 0,01465 g

18. 17; 34; 68

19. $n = 4$; 49,15%

20. 35,98%

21. ≈ 17435 Jahre

22. $q = 1{,}41$

$n_2 = 16{,}9;\ n_3 = 23{,}9;\ n_4 = 33{,}6;\ n_5 = 47{,}4;$
$n_6 = 66{,}9;\ n_7 = 94{,}3;\ n_8 = 132{,}96;$
$n_9 = 187{,}47;\ n_{10} = 264{,}3;\ n_{11} = 372{,}7$

23. $n_2 = 11{,}2;\ n_3 = 15{,}7;\ n_4 = 22;$
$n_5 = 30{,}7;\ n_6 = 43;\ n_7 = 60{,}2;$
$n_8 = 84{,}3;\ n_9 = 118;\ n_{10} = 165.$

23. Unendliche geometrische Reihe

23.

1. $s = 3$

2. $s = 1{,}\overline{428571} = 1\frac{3}{7}$

3. $s = 6{,}19$

4. $s = \frac{4}{7}$

5. $s = 4{,}83$

6. $s = 0{,}625$

7. $s = 1{,}5$

8. $s = 2$

9. $s = 1{,}5$

10. $s = \frac{x}{x-1}$

11. $s = \frac{x-2}{x-1}$

12. $0{,}6\overline{6} = \frac{2}{3}$

13. $0{,}56\overline{6} = \frac{17}{30}$

14. $0{,}08\overline{8} = \frac{4}{45}$

15. $0{,}015\overline{15} = \frac{1}{66} = \frac{5}{330} = \frac{101}{6666}$

16. $0{,}4\overline{4} = \frac{4}{9}$

17. $0{,}2524\overline{24} = \frac{833}{3300}$

18. $s = 82$ cm

19. $s = 64\ \text{cm}^2$

20. **a)** $s_Q = 128\ \text{cm}^2$
$s_K = 100{,}5\ \text{cm}^2$
b) $s_Q = 109{,}3$ cm
$s_K = 85{,}8$ cm

21. nach 105,26 m

22. $s = \frac{x}{\sqrt{2}-1} = \frac{x}{0{,}414}$

24. Zinseszins- und Rentenrechnung

Zinseszinsrechnung

24.1.

1. **a)** $q = 1{,}03$
b) $q = 1{,}04$
c) $q = 1{,}06$
d) $q = 1{,}055$
e) $q = 1{,}0725$
f) $q = 1{,}025$
g) $q = 1{,}0475$
h) $q = 1{,}05\overline{33}$
i) $q = 1{,}0625$
k) $q = 1{,}0375$

2. $K_n = 1064$ DM

3. **a)** 4144,57 DM
b) 9563,08 DM
c) 28484,63 DM
d) 659,34 DM
e) 323715,88 DM
f) 3715,40 DM

4. Bis 1958 ≈ 69000000 t Gold

5. 109058 Einwohner

6. **a)** $8922\ \text{m}^3$
b) $18590\ \text{m}^3$
c) $100380\ \text{m}^3$

7. 6,1%

8. 6 Jahre

9. 16,75 Jahre

10. 44,5 Jahre

Rentenrechnung

24.2.

a) 1778,4 DM
b) 4001 DM
c) 10670 DM
d) 5335 DM

2. **a)** 3344 DM
b) 6687,1 DM
c) 10030,7 DM

3. 1108 DM

4. $38068\ \text{m}^3$

5. **a)** 11614 DM
b) 7349 DM
c) 14394 DM

IV. ANHANG

25. Komplexe Zahlen

25.1.

Imaginäre Zahlen

1. $7\mathrm{i}$
2. $0{,}9\mathrm{i}$
3. $6{,}1\mathrm{i}$
4. $1{,}8\mathrm{i}$
5. $2\mathrm{i}$
6. $10\mathrm{i}$
7. $7{,}26\mathrm{i}$
8. $1{,}55\mathrm{i}$
9. -6
10. $1{,}5$
11. $-\frac{1}{2}\mathrm{i}$
12. $4{,}8$
13. -24
14. -72
15. 60
16. $2{,}5\mathrm{i}$
17. $18\mathrm{i}$
18. $4\mathrm{i}$
19. -9
20. $-\mathrm{i}$
21. 1
22. i
23. $\sqrt{1{,}5}$
24. i
25. 1
26. $-4\mathrm{i}$
27. $-0{,}6\mathrm{i}$
28. $-2\mathrm{i}$
29. $-9x^2$
30. $64a^9\mathrm{i}$

25.2.

Komplexe Zahlen

2. 5
3. 5
4. $\approx 5{,}83$
5. $\approx 13{,}89$
6. 4
7. 7
8. 8
9. $\approx 4{,}12$
10. $2\sqrt{6} \approx 4{,}899$
12. $1 + \mathrm{i}$
13. $14\mathrm{i}$
14. $-1 + 2\mathrm{i}$
15. $2\mathrm{i}$
16. $3x + 2a\mathrm{i}$
17. $4a + 2b\mathrm{i}$
18. $a_1 - a_2 + (b_1 - b_2)\mathrm{i}$
19. $-2ax - 4n\mathrm{i}$
20. $a + 5x + (\sqrt{n} - \sqrt{b})\mathrm{i}$
21. $7 + 10\mathrm{i}$
23. $12 + 15\mathrm{i}$
24. $ab + ac\mathrm{i}$
25. $26 + 32\mathrm{i}$
26. $31 + 107\mathrm{i}$
27. $3b^2 + a^2 + 2ab\mathrm{i}$
28. $(4b^2 + c^2)\mathrm{i}$
29. $2\sqrt{6} - \mathrm{i}$
30. $\sqrt{2}$
31. $138 + 52\sqrt{3}\mathrm{i}$
33. $-\mathrm{i}$
34. $\dfrac{18 - 30\mathrm{i}}{17} = 1\frac{1}{17} - \frac{30}{17}\mathrm{i}$
35. $\dfrac{-6 + 43\mathrm{i}}{29} = -\frac{6}{29} + 1\frac{14}{29}\mathrm{i}$
36. $\dfrac{53 - 26\mathrm{i}}{41} = 1\frac{12}{41} - \frac{26}{41}\mathrm{i}$
37. $\dfrac{2a^2 - 3ab\mathrm{i} + 2b^2}{a^2 + 4b^2}$
38. $\dfrac{-1 + 2\sqrt{6}\mathrm{i}}{5} = -\frac{1}{5} + \frac{2}{5}\sqrt{6}\mathrm{i}$
39. $\dfrac{-2x\mathrm{i}}{a^2 + 1}$
40. $\dfrac{2(x^2 - b^2)}{x^2 + b^2}$
41. $\dfrac{2y\sqrt{x}\mathrm{i} - 2y\sqrt{y}}{x + y}$
42. $-5 + 12\mathrm{i}$
43. $-20 - 48\mathrm{i}$
44. $x^2 - 1 + 2x\mathrm{i}$
45. $-4x^2 + 4bx\mathrm{i} + b^2$
46. $-1(a - b)^2$
47. $7 - 6\sqrt{2}\mathrm{i}$
48. $6 - 8\mathrm{i}$

49. $-i$

50. $-8-8\sqrt{3}\cdot i$

51. $\frac{1}{4}-\sqrt{3}i$

52. $\frac{a^3-3a+3a^2i-i}{3\sqrt{3}}$

53. $-\frac{5}{6}-\frac{1}{3}\sqrt{6}\approx -1{,}65$

54. 16

55. $-255-52i$

56. $6+2\sqrt{13}\approx 13{,}21$

57. $-14\frac{1}{4}-3i$

58. $\sqrt{29}\approx 5{,}3852$

59. 2

60. 12 (12i)

61. $\sqrt{10}\approx 3{,}16$; $(1+3i)$

62. $\sqrt{13}\approx 3{,}6$; $(2+3i)$

63. $\sqrt{10}\approx 3{,}16$; $(3+i)$

64. $2\sqrt{2}\approx 2{,}83$; $(-2+2i)$

65. $\sqrt{5}\approx 2{,}236$; $(1-2i)$

Vermischte Aufgaben zur Wiederholung

I. Rechenarten

1. $5{,}6a$
2. y
3. $-x$
4. $56a-22b-29c$
5. $-7a+6b+1{,}4x-4y$
6. $-2a+2ac+3b+bc+3c-8$
7. $13ax+33ay-53az$
8. $-40ab-12ax+6ay+27bx+35by+6xy$
9. $-20ab-60abx+120abxy+40aby+5b+15bx-30bxy-10by$
10. a^2-7a+1
11. $-6x^4-3x^3-3x^2+8x+32$
12. $2a+2b+6$
13. $4a^5-8a^4+2a^3-a^2-34a+24$
14. $-\frac{10}{3}x^3+\frac{122}{45}x^2y-\frac{17}{12}x^2z+xz^2-\frac{23}{180}xyz-\frac{8}{15}xy^2+\frac{1}{5}y^2z-\frac{1}{3}yz^2$
15. $6a^3-9a^2+10a+8$
16. $1536x^3y-3456xy^3$
17. $10x^2+53x-27xy+11y^2-103y+36$
18. $32a^4-88a^2-28a^2b^2+3b^4+36b^2+60$
19. $5x^5-8x^4+2x^2-30x+24$
20. $ax-\frac{1}{2}xy+2ab-by$
21. $2\frac{1}{4}cx-10\frac{1}{2}xy$
22. $-16\frac{1}{5}a+4\frac{4}{5}ab+7\frac{1}{2}b$
23. $100abx-30acx+36bcx$
24. $\frac{1}{5}x^2-\frac{1}{6}y^2+\frac{3}{4}x-y-\frac{17}{120}xy$
25. $\frac{a^2}{25}-1$
26. $\frac{7b+10}{15(b+2)}$
27. $\frac{14x+23}{60}$
28. $\frac{a-1}{24}$
29. $\frac{5x-4y}{3}$
30. $\frac{-21x+11}{33x}$
31. $\frac{a^2-44a+25ab-8b^2}{12a(a^2-b^2)}$
32. $\frac{x^2-y^2+xy^2}{x(x^2-y^2)}$
33. $\frac{-23a^2-16ab-9b^2}{6a^3-6ab^2}$
34. $\frac{3}{(x+4)\cdot(x+3)}$
35. $\frac{112a+148}{(4a+5)^2}$
36. $\frac{a^2-4b^2}{2ab}$
37. 2

38. $\frac{1}{2a+1}$

39. $\frac{a^2+5ax+4x^2}{6(x-a)\cdot(x+a)}$

40. $\frac{6x^2-40xy+3y^2}{(5x-4y)(5x+4y)}$

41. $\frac{x+29y}{30}$

42. $\frac{-6x^2-19x+21}{(2x-1)(3x+1)}$

43. $\frac{-4a^2+4ab-b^2}{12(2a+b)(2a-b)}$

44. $\frac{a-15}{2a(a-1)(a+1)}=\frac{a-15}{2a^3-2a}$

45. $\frac{6x^2+xy+y^2}{x(x+y)(x-y)}$

46. 1

47. $\frac{16(a+b)}{a-b}$

48. $(2x+3y)^2=4x^2+12xy+9y^2$

49. $20(a^2-b^2)$

50. $24yz+63xz-77xyz$

51. $28b^2-\frac{88}{3}ab-96a^2$

52. $-102a+76b$

53. $3a^2-ab-4b^2+72$

54. $\frac{5}{2x+1}$

55. $a-3$

56. $\frac{87bx^2-10axy}{3a^2b}$

57. $\frac{49}{9}y^2-\frac{49}{4}x^2$

58. $\frac{4x^2+19x-31}{3-2x}$

59. $\frac{27a^2-50ab+23b^2}{20(a+b)}$

60. $\frac{6x-5y}{x-y}$

61. $\frac{a^2}{9x}$

62. $\frac{1}{a+b}$

63. $\frac{1}{4x+7y}$

64. $\frac{1}{5y^2}$.

65. $(a-3)^2$

66. $\frac{4(a-1)(a-2)}{27(a+2)(a+1)}=\frac{4(a^2-3a+2)}{27(a^2+3a+2)}$

67. $\frac{(2a-1)(a-2)^3}{2(a-1)(a+1)^3}$

68. 1

69. $\frac{24x(x+y)}{11y(x-y)}$

70. 2

71. $\frac{(a-3)(a+5)}{(a-2)^2}$

72. $\frac{2x(a+2y)}{3(3x-2)}$

73. $\frac{7}{10}+\frac{5a^2b}{3x^3}-\frac{3ab^2}{2y^3}=$

$=\frac{21x^3y^3+50a^2by^3-45ab^2x^3}{30x^2y^3}$

74. $6a+5z$

75. $4a+6x$

76. $\frac{4bc}{ax}-2d$

77. $\frac{3az}{5xy}-\frac{7mn}{4cd}$

78. $\frac{5}{ab}+\frac{4}{9a(a-3b)}-\frac{2}{5b(a+3b)}$

79. $\frac{1}{4}x^6y^9z^8$

80. $\frac{d^4y^2}{cx^2}$

81. x^9-x^3

82. x^{15a}

83. x^{2a}

84. a^{13x+4y}

85. $(x+y)^{6x+3}$

86. $2a^{4x-a}+15n^{5x-2y}$

87. $8b^3c^4x-12b^3c^4x^2y+14b^3c^4x^4y$

88. $16x^8-4a^2b^4$

89. $\frac{x^{11}}{3a^{11}}$

90. x^2y^2

91. $\frac{a^y c^{3x-4y}}{b^{2y}}$

92. $\frac{ab^3}{c^5}$

93. $\frac{y^5}{z^5}$

94. $\frac{y^{a-6}}{x}$

95. $\frac{b^2c^7d}{3a}$

96. $-\frac{9}{2}b^3x^3$

97. $(n+x)^5\cdot(a+b)^4$

98. 14400

99. $4x^x - 6y^c$

100. a) $4x^6y^{21}$ b) $\frac{1}{x^{4n^2}}$ c) $-a^{45}$

101. $c^{4x^2-25b^2}$

102. $\frac{a^3b^3}{y^3}$

103. $10x^4y^3 - 25x^2y^{2b+4}$

104. $2b^{15}$

105. $\frac{a^5}{b^8}$

106. $\left(\frac{5n}{4c}\right)^{bx}$

107. 5

108. $\frac{1}{3}$

109. 1

110. 32

111. 1 Milliarde

112. 1

113. $\frac{9}{16}x^2y^2 + \frac{1}{2}abxy + \frac{1}{9}a^2b^2$

114. $27x^3 + 108x^2y + 144xy^2 + 64y^3$

115. $\left(\frac{a-b}{a+b}\right)^{9-3x}$

116. $5a^8c^6 - 5a^6c^8$

117. $\frac{27a^9}{b^9} - \frac{135a^{11}}{b^{11}} + \frac{225a^{13}}{b^{13}} - \frac{125a^{15}}{b^{15}}$

118. $a^5 + a^4 + a^3 + a^2 + a + 1$

119. $y^{3a} - x^by^{2a} + x^{2b}y^a - x^{3b}$

120. x^{2a}

121. $\frac{9x^{12}}{16y^4} - \frac{25x^6}{4y^8} + \frac{3}{5}x^2y + \frac{5}{3}xy^2 - \frac{y^{12}}{9x^4} + \frac{4y^6}{25x^8}$

122. $\frac{a^7}{b^4x^{12}y^3}$

123. $\frac{3(x+y)}{xy}$

124. $\frac{50x^{14}y^{10}}{a^3b^9}$

125. $x^{-5b-10}b^{8a-4b-2}$

126. 1,5

127. $(a^2+b^2)(a+b) = a^3 + a^2b + ab^2 + b^3$

128. $a^4 - a^3b + a^2b^2 - ab^3 + b^4$

129. $2a - b^2$

130. $\frac{4(x-1)(x-2)}{27(x+1)(x+2)} = \frac{4(x^2-3x+2)}{27(x^2+3x+2)}$

131. $\frac{1}{x(x-2}$

132. $\frac{b^3+b-1}{bx+1}$

133. $\frac{1}{4a^{n+2}}$

134. $\frac{2a^n - a^{n-2}b^2}{(a+b)^n}$

135. $\frac{1}{a^{3x}} + \frac{1}{b^{3x}}$

136. a) 873 b) 189 c) 712 d) 521

137. a) 47,2 b) 89,8 c) 98,6 d) 0,286

138. a) 27,44 b) 20,756 c) 1,4142 d) 1,7321

139. $\sqrt[5]{48^2}$

140. a) $\frac{343}{125}$ b) 32 c) $54\sqrt[3]{45}$

141. $b\sqrt{a} + \sqrt[3]{a}(c+4x)$

142. $\frac{1}{4}\sqrt{3} + \frac{7}{20}\sqrt{2} - \frac{3}{2}\sqrt[3]{3}$

143. $12b\sqrt{2a} + 86a\sqrt[3]{5b}$

144. $2(a^4 - b^4)$

145. $x\sqrt{1+2a^2}$

146. $2x\sqrt{a}$

147. -20

148. $6ab^2c^3$

149. $2x^2y^4$

150. $x^m b^n$

151. ab^2

152. $4x^3y\sqrt[3]{x^2}$

153. x^2y^3

154. $\frac{a^3}{b^2}$

155. $a^2b^2c^2\sqrt[6]{a^2b^4c}$

156. $x + 2\sqrt{xy} + y$

157. $x - y$

158. $4 + 2\sqrt{4 - a^2}$

159. $1 - \sqrt{2a} + \frac{a}{2}$

160. $\sqrt{4x + 6y}$

161. a

162. $a^3\sqrt[x]{a^2}$

163. $\sqrt[24]{\frac{1}{8x^5y^7ab}}$

164. $\sqrt[cx]{b^{4c-1}} - \sqrt[acx]{b^{3cx-a}} - \sqrt[cx]{b^{2x-1}}$

165. $\frac{c}{2abz}\sqrt[3]{\frac{1}{15bxy^2z^2}}$

166. $3ab\sqrt[5]{\frac{3}{2}}$

167. $\frac{14xy}{15z^3}$

168. a) $\sqrt[3]{9b^2} + \sqrt[3]{2c}$

b) $\sqrt[3]{a^2} - \sqrt[3]{ab} + \sqrt[3]{b^2}$

169. $4\sqrt[3]{\frac{a}{2}} - 3\sqrt[3]{18b}$

170. a) $\sqrt{x}$ b) $\frac{a\sqrt{x}}{x}$

c) $\frac{a(b - \sqrt{x})}{b^2 - x}$ d) $\frac{\left(\sqrt{x} - \sqrt{y}\right)^2}{x - y}$

171. $\frac{\sqrt{x} - \sqrt{y}}{x - y}$

172. $\frac{8x\sqrt{a} - 2x\sqrt{3b}}{16a - 3b}$

173. $\frac{15 - 4\sqrt{21}}{37}$

174. $\sqrt{a - b}$

175. $\frac{(3a + 5b) \cdot (4\sqrt{a} + 3\sqrt{4b + a})}{7a - 36b}$

176. $x + y$

177. a) $\sqrt{a}$ b) $4\sqrt{a}$ c) $n^2\sqrt[4]{n}$

178. a) x^6 b) a^6 c) 81

179. a) x^3 b) $ac\sqrt[4]{ab^3}$ c) $\sqrt[4]{a}$

180. $\sqrt{4 + \frac{9a}{x}\sqrt[5]{\frac{a}{x}}}$

181. $x^2\sqrt[x(x-1)]{b^{2x-2}\,c^2\,x^{5x-3}\,y^{3x}}$

182. a^6

183. a) $\sqrt[3]{x^6y^4} = x^2 \cdot \sqrt[3]{y^4}$ b) $\sqrt[x]{n}$

c) $\frac{1}{x^2}$ d) a

184. a) 5 b) 10 c) $\frac{1}{\sqrt[3]{3}}$

185. $2 \cdot \sqrt[x^2-1]{a^x}$

186. $3\sqrt[5]{9x^4}$

187. a) $\frac{1}{\sqrt{x}}$ b) $\frac{1}{\sqrt[3]{x^n}}$

c) $\sqrt[3]{x^n}$ d) $\sqrt[n]{a^x b^y}$

188. a) x b) ab^2 c) $\frac{42a^3}{y}$

189. a) x b) $\frac{a^2}{bxy}$

190. a) $\frac{ax}{y^3} \cdot \sqrt[5]{\frac{a^3 b^3 x}{y^3}}$ b) $2abx$

191. a) $x\sqrt{x}$ b) $a\sqrt[x]{a}$
c) $x^3 \cdot \sqrt[n]{x^a}$ d) $4ab\sqrt{3ab}$

192. $-15\sqrt[3]{2}$

193. 2

194. 0

195. $3x - 5xy$

196. a) $a\sqrt[3]{ab^2} + b\sqrt[3]{a^2 b} - 2ab$
b) by
c) $bcd\sqrt[8]{bc^2}$

197. a) $x^3 - 2s^4$ b) $5a^5 b - 3ab^5$

198. $5a^2 - 7a + 2$

199. $5x^4 + 3x^3 + 6x^2 - x - 1$

200. a) $\sqrt[xy]{b}$ b) $2\sqrt{a} + \sqrt[3]{a}$

201. a) n b) $\frac{1}{a\sqrt[20]{a^3}}$

202. a) $\sqrt{x}$ b) $\frac{1}{\sqrt[3]{a^2}}$

203. a) $x\sqrt{x}$ b) a^8
c) 6561 d) $\sqrt[a]{\frac{n^b}{x^b}}$

204. a) 1 b) $a\sqrt[3]{a}$
c) $x\sqrt[5]{x^3}$

205. $\sqrt[3]{x} + 3\sqrt{x}$

206. 1

207. $\frac{\sqrt{b}}{\sqrt[3]{-a}}$

208. 2

209. $\frac{1}{\sqrt[5]{(x+y)^3}}$

210. $\frac{144a^4b^6}{81b^{12} - 288a^4b^6 + 256a^8}$

211. $\frac{25y^2\sqrt[5]{y^3}}{9x} - \frac{9x}{25y^2\sqrt[5]{y^3}}$

212. $2x^2\sqrt[6]{x^5}$

213. a) 27,67 b) 6614

214. 15,684

215. 0,2678

216. 0,22704

217. 1,9782

II. Gleichungen

1. $x = \frac{2}{3}$

2. $x = -8$

3. $x = 2{,}3$

4. $x = 6$

5. $x = 50$

6. $x = 3 \pm \sqrt{\frac{3}{2}}$

7. $x = b$

8. $x = 3$

9. $x = 8$

10. $x = 19$

11. $x = 10$

12. $x = \frac{3}{4}$

13. $x = 0{,}2$

14. $x = 11$

15. $x = 0$

16. $x = 2$

17. $x = 1$

18. $x = 12$

19. $x = 5$

20. $x = 3$

21. $x = 6$

22. $x = -\frac{2b^2}{a+b}$

23. $x = \frac{a}{b}$

24. $x = 2(a-b)$

25. $x = \frac{(a+b)^3}{3(a-b)}$

26. $x = 3a - 2b$

27. $x = \frac{a+2b}{5}$

28. $x = a + b$

29. $x = 4$

30. $x = 81$

31. $x = 256$

32. $x = (a-b)^4$

33. $x = 9a$

34. $x = 12$

35. $x = 6$

36. $x = \sqrt{2ab}$

37. $x = 9$

38. $x = 9$

39. $x = a$

40. $x = 8$

41. $x = 3{,}6^2$
$= 12{,}96$

42. $x = 9b$

43. $x = 2\frac{1}{12}c$

44. $x = 10; y = 2$

45. $x = 15; y = 26$

46. $x = 2; y = 0$

47. $x = \frac{1}{3}; y = \frac{1}{5}$

48. $x = 3; y = \frac{7}{2}$

49. $x = 3; y = 5$

50. $x = 9; y = 7$

51. $x = c; y = c^2 d$

52. $x = \frac{a-b}{a}$

$y = a^2 - b^2$

53. $x = 36; y = 49$

54. $x = \left(\frac{m+n}{m\,(c^2+dn)}\right)^2$

$y = \left(\frac{m+n}{n\,(c^2-dm)}\right)^2$

55. $x = 5; y = 5$

56. $x = 7; y = 0; z = -5$

57. $x = 5; y = 8; z = 12$

58. $x = 25; y = 36; z = 49$

59. $a = \frac{1}{6}; x = \frac{1}{3}$

$y = \frac{1}{4}; z = \frac{1}{5}$

60. $x = a^2 b; y = b^2 c; z = a c^2$

61. $x = \pm 8$

62. $x = \pm \frac{2}{3}\sqrt{-69}$

63. $x = \pm a^2 \sqrt{a c}$

64. $x_1 = \frac{5}{2}; x_2 = \frac{2}{13}$

65. $x_1 = 12; x_2 = -7$

66. $x_1 = 0; x_2 = -c$

67. $x_1 = a + c$

$x_2 = -\frac{2c}{3}$

68. $x = 1$

69. $x_1 = 4; x_2 = 3\frac{5}{9}$

70. $x_{1;2} = -2 \pm \sqrt{66}$

71. $x_1 = \frac{6}{5}a; x_2 = 0$

72. $x_1 = 2; x_2 = -2$
$y_1 = 1; y_2 = -1$

73. $x_1 = 6; x_2 = 3$
$y_1 = 3; y_2 = 0$

74. $x_1 = 25; x_2 = 16$
$y_1 = 16; y_2 = 25$

75. $x_1 = 1; x_2 = 3\frac{2}{3}$

$y_1 = 2; y_2 = -\frac{2}{3}$

$z_1 = 3; z_2 = \frac{1}{3}$

76. $x_1 = 1; x_2 = 16$

77. $x = \frac{2}{3}$

78. $x = -\frac{1}{4}$

79. $x = 1$

80. $x = 3$

81. $x = 2$

82. $a \ldots e$ Geraden
$f \ldots i$ Parabeln

83. **a)** $x_1 = 1; x_2 = 1$
b) $x_1 = 5; x_2 = -7$
c) $x_1 = 2; x_2 = 7$

84. 6 Zigaretten

85. $x = 22$

86. 14 m/s : 24 m/s

87. 1480 kg Kupfer
430 kg Zinn
50 kg Nickel
40 kg Blei

88. 25 DM

89. $11\frac{1}{9}$ %

90. $12\frac{36}{47}$ Min.

91. 11 l

92. 335 K

93. 293 K

94. 24, 48, 64

95. 210 Hasensprünge

96. $52\frac{1}{2}$ km/h; $67\frac{1}{2}$ km/h

97. A = 12 Stunden
B = 8 Stunden
C = 6 Stunden

98. 60 km/h

99. 2040 m

100. 12000 DM; 5%

III. Reihenlehre

1. 553 200 DM
2. 400
3. 15 m
4. 7 Sek.
5. 18 025
6. 6; 18; 54
7. 8628 DM
8. 7
9. $8x + 4x\sqrt{2} = 13{,}657x$
10. $a\sqrt{3}$
11. 12649 m³
12. Die Holzentnahme erfolgt am Anfang des Jahres.
    46,25 Jahre
13. 19,3 Jahre
14. 24 Jahre

Prüfungsbeispiele

1. Beispiel

1. $7a + 2b - 3c$
2. $\dfrac{19 - 3\sqrt{30}}{7}$
3. $x = -3$
4. $x = 12;\ y = 5$
5. $x_1 = 8;\ x_2 = 3\frac{1}{3}$
6. 1260 DM

2. Beispiel

1. $\dfrac{a^2 - a + 1}{a - 1}$
2. $x = 4$
3. $x = 11$
   $y = 7$
   $z = 5$
4. $x_{1;2} = \dfrac{5}{2} \pm \dfrac{\sqrt{13}}{6}$
5. 3,115
6. $a = 12$ m

3. Beispiel

1. $x = \dfrac{253}{193} = 1\dfrac{60}{193}$
2. $x = \dfrac{m}{m - n}$
   $y = \dfrac{n}{m + n}$
3. $x = 11$
4. $\dfrac{a^{26}\, c^{10}}{b^{68}\, d^{152}\, e^{90}}$
5. 0,03528
6. Breite = 7 m
7. Siehe Beispiel 286/2.

4. Beispiel

1. ± 3
2. $p = 301{,}1$ N cm^{-2}
3. 3,3375 kg Kupfer
   8,6625 kg Silber
4. 15; 25; 45
5. $x_1 = 2;\ x_2 = 25$
6. $m_a = 3{,}95;\ m_g = 3{,}92;\ m_h = 3{,}89$
7. $a = 4$ cm

5. Beispiel

1. $x = a + b$
2. $x = 9; y = 6$
3. $x_1 = -4; x_2 = 3$
4. 0,066334
5. $x_1 = 1{,}79; x_2 = -2{,}79$
6. $x = 3$
7. 10 Stunden und 15 Stunden
8. 39795,8 DM

6. Beispiel

1. $x = 11$
2. $x = 10$
3. $x = -2m; y = 2n$
4. $\sqrt{(a^2 - x^2)\,x} + \sqrt{(a^2 - x^2)\frac{1}{x}}$
5. $h = 45\,\mathrm{m}; t = 3s$
6. $428{,}9\ \mathrm{cm}^2$

Raum für Notizen

Raum für Notizen

Raum für Notizen

Raum für Notizen